雷剑 / 编著

剪映+AIGC
快速高效短视频创作技巧与实操

清華大學出版社
北 京

内 容 简 介

本书是专为短视频创作者打造的实用指南，巧妙结合了当今前沿的AI技术与专业的短视频编辑工具——剪映，为读者全方位地展示了如何利用智能化手段实现短视频的高效创作。全书精心设计了10章内容，从基础操作到高级技巧，详尽地梳理了剪映的各项特性，并深入探讨了AI在短视频制作中的综合应用方法。本书的核心目标是帮助读者系统地掌握运用剪映和AI技术进行高效短视频创作的方法，同时，通过生动的实例，展示如何将AI工具无缝融入短视频内容创作的整个流程中。

适合短视频剪辑人员、短视频行业从业人员以及对短视频感兴趣的人员，也适合作为相关院校的教材和辅导用书。

图书在版编目（CIP）数据

剪映+AIGC快速高效短视频创作技巧与实操 / 雷剑编

著. -- 北京：清华大学出版社, 2024. 7. -- ISBN 978-

7-302-66849-7

Ⅰ. TN948.4

中国国家版本馆CIP数据核字第20246VA972号

责任编辑：陈绿春
封面设计：潘国文
责任校对：徐俊伟
责任印制：宋　林

出版发行：清华大学出版社
网　　　址：https://www.tup.com.cn， https://www.wqxuetang.com
地　　　址：北京清华大学学研大厦A座　　　邮　编：100084
社 总 机：010-83470000　　　　　　　　　邮　购：010-62786544
投稿与读者服务：010-62776969， c-service@tup.tsinghua.edu.cn
质量反馈：010-62772015， zhiliang@tup.tsinghua.edu.cn
印 装 者：北京嘉实印刷有限公司
经　　销：全国新华书店
开　　本：188mm×260mm　　　印　张：13　　　字　数：400千字
版　　次：2024年9月第1版　　　印　次：2024年9月第1次印刷
定　　价：89.00元

产品编号：106317-01

前言
INTRODUCTION

在短视频行业和 AI 技术迅猛发展的大背景下，人们在生活和工作中正经历着深刻的变革与挑战。如何利用常用的剪辑工具——剪映和其他 AI 工具来实现短视频的高效创作，成为未来短视频创作领域的重要课题。

本书的目的正是通过介绍剪映和其他 AI 短视频创作工具，来帮助读者掌握如何借助先进的剪映软件和 AIGC（人工智能自动生成内容）技术来实现快速且高质量的短视频制作。

本书第 1 章到第 6 章深入浅出地介绍了剪映软件的核心功能，及其在短视频剪辑中的实战应用，具体包括剪映的基本使用方法、进阶功能、文字和音乐的呈现、特效转场、调节美化、AI 智能功能等内容。这能使读者快速上手剪映软件，从而提升短视频的制作效率。

第 7 章到第 9 章则聚焦于 AIGC 在视频创作领域的具体应用，分别介绍如何利用 AI 自动生成文字脚本、音频内容及一键生成视频，极大地拓展了短视频创作者的内容生成手段。

第 10 章综合运用前几章所讲知识，以实例分析的形式阐述如何整合 AIGC 工具与剪映功能，实现从内容创作到后期制作的高效协同，以适应并引领基于 AI 技术的短视频创新潮流，提升工作与生活中的短视频创作的效率与质量。

将人工智能技术（AIGC）与剪映紧密结合，为读者提供一条从基础知识到高级应用的短视频创作快速通道，是本书的一大亮点。本书不仅详细解析了剪映的各项功能操作，更着重强调了 AI 在视频编辑中的创新应用，如文字内容自动生成、音频生成乃至视频生成等前沿技术的使用方法。通过丰富的案例分析和实战技巧，本书能够真正帮助读者理解和掌握如何利用 AI 工具来提升短视频的创作效率，并且实现创意表达的多样化与个性化。

需要特别指出的是，剪映软件的版本和 AI 技术更新迭代速度很快。因此，在学习本书内容以及使用剪映软件和 AI 相关技术时，必须重视以下两个核心要领。

第一，掌握剪映及其他 AI 工具的基础运行机制和操作步骤，以适应软件持续更新的版本。

第二，始终保持对新兴 AI 工具和技术动态的高度关注和敏锐洞察力，通过积极实践和终身学习的态度，跟踪人工智能在各大领域的革新应用。例如，可以关注我们的微信公众号"好机友摄影视频拍摄与AIGC"，或者添加笔者团队微信号 hjysysp 进行沟通交流，以确保各位读者能够紧跟 AI 短视频编辑技术的发展步伐，并将其应用于实际创作中，以提升短视频的高效创作能力。

特别提示：在编写本书时，参考并使用了当时最新的剪映软件和其他 AI 工具的界面截图及功能作为依据。然而，由于从书籍的编撰、审阅到最终出版存在一定的周期，在这个过程中，剪映和其他 AI 工具可能会进行版本更新或功能迭代。因此，实际的界面及部分功能可能与书中所示有所不同。笔者提醒各位读者，在阅读和学习的过程中，根据书中的基本思路和原理，结合当前所使用工具的实际界面和功能进行灵活变通和应用，以确保学习效果的最大化。获取本书的相关资源请扫描右侧的二维码。

相关资源

编者

2024 年 8 月

目录
CONTENTS

第3章
剪映中文本和音乐的呈现

第4章
为视频添加酷炫转场和特效

第5章
用剪映润色视频画面

第6章
剪映的 AI 智能功能

第10章

综合运用 AI 工具高效制作短视频

第 1 章

剪映基本使用方法

1.1 认识剪映的界面

把一段视频素材导入剪映后，即可看到剪映软件的编辑界面。该界面主要由三部分组成，分别是预览区、时间线和工具栏。

1.1.1 认识预览区

在预览区中，用户可以实时查看视频画面。当时间轴移至视频轨道的不同位置时，预览区会相应地显示当前时间轴所在帧的图像。因此，可以说视频剪辑过程中的任何一个操作的效果，都需要在预览区中进行确认。当预览完视频内容并确定无须进一步修改时，一个视频的后期制作就完成了。在图 1-1 中，预览区左下角显示的 00:00/00:05 中，00:00 表示当前时间轴所在的时间刻度，而 00:05 则表示视频的总时长为5s。

点击预览区下方的 ▶ 按钮，即可从当前时间轴所处位置播放视频；点击 ↩ 按钮，即可撤销上一步操作；点击 ↪ 按钮，即可在撤销操作后，再将其恢复；点击 ⤢ 按钮，可全屏预览视频。

图 1-1

1.1.2 认识时间线

在使用剪映制作短视频时，大部分的操作都是在时间线区域中完成的，该区域如图 1-2 所示。

1. 时间线中的"轨道"

占据时间线区域较大比例的是各种"轨道"。在图 1-2 中，带有花卉图案的是主视频轨道；橘黄色的是贴纸轨道；橘红色的是文字轨道。时间线区域中还包含其他类型的轨道，如特效轨道、音频轨道、滤镜轨道等。各种轨道的首尾位置决定了其时长及效果的作用范围。

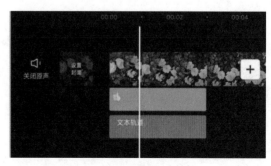

图 1-2

2. 时间线中的"时间轴"

时间线区域中那条竖直的白线就是"时间轴"。随着时间轴在视频轨道上移动，预览区域会显示当前时间轴所在帧的画面。在进行视频剪辑，确定特效、贴纸、文字等元素的作用范围时，用户需要移动时间轴到指定位置，并调整相关轨道与时间轴对齐，以实现精确定位。

3. 时间线中的"时间刻度"

在时间线区域的最上方，是一排"时间刻度"。通过观察时间刻度，用户可以准确判断时间轴所在的时间点。但其更为重要的作用在于，随着视频轨道的拉长或缩短，时间刻度的跨度也会相应发生变化。

当视频轨道被拉长时，时间刻度的跨度可以精细到每一帧，从而有利于用户精确定位时间轴的位置，如图1-3所示。相反，当视频轨道被缩短时，时间刻度的跨度会增大，这使得用户能够在较大的时间范围内快速移动时间轴。

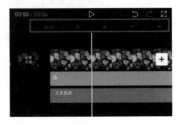

图 1-3

1.1.3　认识工具栏

剪映编辑界面的最下方是工具栏。在剪映中，几乎所有的功能都需要通过工具栏中的相关工具来使用。当没有选中任何轨道时，显示的是一级工具栏；点击其中的选项后，会进入相应的二级工具栏。

值得注意的是，当选中某一轨道后，剪映的工具栏会随之变化，以匹配所选轨道的类型。例如，图1-4展示的是选中视频轨道时的工具栏，而图1-5则是选中文本轨道时的工具栏。

图 1-4

图 1-5

1.2　掌握时间轴的使用方法

通过上文已经了解，时间轴是时间线区域中的重要组成部分。在视频后期编辑中，熟练运用时间轴可以让素材之间的衔接更流畅，让效果的作用范围更精确。

1.2.1　用时间轴精确定位画面

当需要从一个镜头中截取视频片段时，用户只需在移动时间轴的同时观察预览画面，根据画面内容来确定截取视频的开头和结尾。

以图 1-6 和图 1-7 为例，通过时间轴的精确定位功能，用户可以准确找到视频中人物呈现某一姿态的画面，并据此确定所截取视频的开头（00:02）和结尾（00:04）。

图 1-6　　　　　　　　　　　图 1-7

通过时间轴定位视频画面是视频后期编辑中的常用操作，因为对于任何一种后期效果，都需要确定其覆盖范围，而覆盖范围的确定其实就是利用时间轴来设定起始时刻和结束时刻。

1.2.2　快速大范围移动时间轴的方法

在处理长视频时，由于时间跨度较大，从视频开头移至视频末尾需要花费较长的时间。此时，可以通过缩短视频轨道（使用两根手指并拢的手势，类似缩小图片的操作）来让时间轴在移动时覆盖更大的时间范围，从而实现视频时间刻度的大范围跳转。

例如，在图 1-8 中，由于每一格的时间跨度长达
10s，因此，一个 40s 的视频，通过将时间线从开头
移至结尾，可以在极短的时间内完成浏览。

此外，缩短时间轴后，每段视频在界面中的显示
长度也会相应缩短，从而更方便地调整视频的排列
顺序。

图 1-8

1.2.3　让时间轴定位更精准的方法

拉长时间线后（通过两根手指分开的手势，类似放大图片的操作），其时间刻度将以"帧"为单位进行显示。

动态视频实际上是多个连续播放的画面所呈现的效果。组成视频的每一个单独画面都被称为"帧"。在使用手机录制视频时，通常的帧率是 30fps，即每秒连续播放 30 个画面。

因此，当将时间线拉长到最大限度时，每秒的视频将被细分为 30 帧来显示，这极大地提高了画面选择的精度。例如，在图 1-9 所示的 8f（第 8 帧）画面和图 1-10 所示的 10f（第 10 帧）画面之间，可能存在非常细微的差异。而在拉长时间线后，用户就能够准确地在这个细微的差异中进行选择。

图 1-9　　　　　　　　　　　　　图 1-10

1.3　学会与轨道相关的简单操作

在视频后期处理过程中，大部分时间都用于处理轨道。因此，一旦掌握了轨道的基本操作方法，就意味着已经迈出了视频后期制作的第一步。

1.3.1　调整同一轨道上不同素材的顺序

利用视频后期处理软件中的轨道，用户可以迅速调整多段视频的排列顺序，具体的操作步骤如下。

01　缩短时间线，让每一段视频都能显示在编辑界面，如图1-11所示。

02　长按需要调整位置的视频片段，并将其移至目标位置，如图1-12所示。

03　手指离开屏幕后，即可完成视频素材顺序的调整，如图1-13所示。

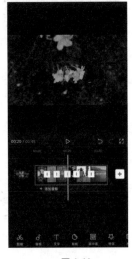

图 1-11　　　　　　　　图 1-12　　　　　　　　图 1-13

除了调整视频素材的顺序，对于其他类型的轨道（如音频轨道），也可以采用相似的方法来调整它们的顺序或更改它们所在的轨道。

例如，在图 1-14 中有两条音频轨道。如果这两段配乐在时间线上不重叠，那么用户可以长按其中一条音频轨道，并将其拖放到另一条音轨所在的轨道上，如图 1-15 所示。

| 图 1-14 | 图 1-15 |

1.3.2　快速调节素材时长的方法

在视频后期剪辑过程中，经常需要调整视频的时长。下面将介绍一种快速调节素材时长的方法。

01　选中需要调节长度的视频片段，如图1-16所示。

02　拖动左侧或者右侧的白色边框，即可增长或者缩短视频长度，如图1-17所示。需要注意的是，如果视频片段已经完整出现在轨道中，则无法继续增加其长度。另外，提前确定好时间轴的位置，当缩短视频长度至时间轴附近时，会有吸附效果。

03　拖动边框拉长或者缩短视频素材时，其片段时长的数值会时刻显示在左上角，如图1-18所示。

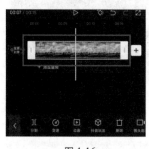

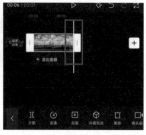
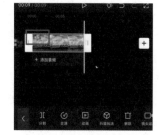

| 图 1-16 | 图 1-17 | 图 1-18 |

1.3.3　通过轨道调整效果覆盖范围

无论是添加文字、音乐、滤镜、贴纸等效果，在进行视频后期处理时，都需要确定这些效果的覆盖范围，即应用这种效果从哪个画面开始到哪个画面结束。

01 移动时间轴确定应用该效果的起始画面，然后长按效果轨道并移动（此处以滤镜轨道为例），将效果轨道的左侧与时间轴对齐。当效果轨道移至时间轴附近时，就会被自动吸附过去，如图1-19所示。

02 移动时间轴，确定效果覆盖的结束画面，并点击效果轨道，使其边缘出现白框，如图1-20所示。

03 拉动白框右侧的 部分，将其与时间轴对齐。同样，当效果条移至时间轴附近后，就会被自动吸附，所以不必担心能否对齐的问题，如图1-21所示。

图 1-19　　　　　　　　　　图 1-20　　　　　　　　　　图 1-21

1.3.4　通过轨道实现同时应用多种效果

得益于"轨道"机制，我们可以在同一时间段内拥有多个轨道，例如音乐轨道、文本轨道、贴图轨道、滤镜轨道等。因此，在播放一段视频时，能够同时展现各种效果，最终呈现丰富多彩的视频画面，如图1-22所示。

图 1-22

1.4　视频后期处理的基本流程

掌握了上述剪映中最基础的操作方法之后，即可开始着手进行视频后期处理了。接下来，我们将通过一个完整的后期案例来详细讲解剪映的基本使用方法。

1.4.1　导入视频

1. 导入视频的基本方法

将视频导入剪映的基本方法如下。

01　打开剪映后，点击"开始创作"按钮，如图1-23所示。

02　在进入的界面中选择希望处理的视频，然后点击界面下方的"添加"按钮，即可将该视频导入剪映中。

当选择了多个视频并导入剪映时，它们在编辑界面中的排列顺序会与选择的顺序保持一致。同时，在如图 1-24 所示的导入视频界面中，每个视频旁边都会出现相应的序号。当然，在导入素材后，也可以通过在编辑界面中拖动视频轨道来随时调整视频的排列顺序。

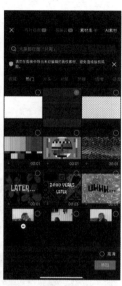

图 1-23　　　　　　　　　图 1-24

2. 导入视频的小技巧

在剪映内直接选择视频导入时，因为无法预览视频内容，所以很难区分具有相似场景的视频，从而难以确定要导入的具体视频素材。然而，这个问题可以通过以下方法得到解决。

01　先将筛选出的视频放在手机中的一个相册或者文件夹中，并点击界面右上方的"选择"按钮，如图1-25所示。

02　将筛选出的视频全部选中，并点击左下角的 按钮（安卓手机需点击"打开"按钮），如图1-26所示。

03　点击剪映App的图标，即可将所选视频导入剪映中，如图1-27所示。

图 1-25　　　　　　　　图 1-26　　　　　　　　图 1-27

3. 导入视频即完成视频制作的方法

使用剪映中的"剪同款"功能，用户可以选择喜欢的模板，然后导入相应的素材，即可快速生成带有特效的视频，具体的操作步骤如下。

01　打开剪映App，点击界面下方的▣按钮（剪同款），即可显示多个视频，如图1-28所示。

02　选择一个喜欢的视频，并点击界面右下角的"剪同款"按钮，如图1-29所示。

03　不同的模板，所需的素材数量不同，此处所选的视频模板需要添加16段素材。选定需要添加的素材后，点击右下角的"下一步"按钮，如图1-30所示。需要注意的是，添加的素材数量和同款模板所需要的素材数量相同时，才能继续进行制作。

04　剪映自动将所选视频制作为模板的效果。点击界面下方的素材片段，还可以分别进行细节调整，如图1-31所示。

图1-28　　　　　　　图1-29　　　　　　　图1-30　　　　　　　图1-31

提示

　　使用"剪同款"功能确实可以快速获得带有一定效果的视频，但这一功能的局限性在于无法根据个人需求进行自定义修改。因此，为了制作出完全符合自己预期效果的视频，用户仍然需要深入学习和掌握剪映的相关操作。另一方面，如果用户在视频后期编辑方面缺乏灵感或思路，可以浏览"剪同款"中的各种效果，从中汲取灵感，为自己的视频剪辑增添新的创意和想法。

1.4.2　调整画面比例

无论将制作好的视频发布到抖音平台还是快手平台，都建议将画面比例设置为9:16。这是因为当手机竖持时，该比例的视频可以全屏显示，从而提供更好的观看体验。由于大多数人在刷短视频时都会竖拿手机，因此9:16的画面比例对于观众来说更为便捷和舒适。具体的操作步骤如下。

01　打开剪映App，导入一段视频素材，点击界面下方的"比例"按钮，如图1-32所示。

02　在界面下方选择所需的视频比例，建议设置为9:16，如图1-33所示。

图 1-32　　　　　　　　　　　图 1-33

1.4.3　添加背景防止出现黑边

在调节画面比例后，若视频画面与所设定的比例不匹配，画面四周可能会出现黑边。为了避免出现这种情况，其中一种有效的方法就是添加合适的背景，具体的操作步骤如下。

01 将时间轴移至希望添加背景的视频轨道内，点击界面下方的"背景"按钮，如图1-34所示。注意，添加背景时不要选中任何片段。

02 从"画布颜色""画布样式""画布模糊"中选择一种背景风格，如图1-35所示。其中"画布颜色"为纯色背景，"画布样式"为有各种图案的背景，"画布模糊"的效果是把当前画面放大并模糊后作为背景。一般情况下选择"画布模糊"风格，因为该风格的背景与画面的割裂感最小。

03 此处以选择"画布模糊"风格为例。当选择该背景后，可以设置不同模糊程度的背景，如图1-36所示。

图 1-34　　　　　　　　　图 1-35　　　　　　　　　图 1-36

需要注意的是，当视频中包含多个片段时，背景仅会应用于当前时间轴所在的片段上。若要为其他所有片段添加相同的背景，需点击左下角的"全局应用"按钮来实现。

1.4.4 调整画面的大小和位置

在统一画面比例后，为了避免出现黑边的情况，可以通过调整视频画面的大小和位置来确保视频素材能够完全覆盖整个画布，具体的操作步骤如下。

01 在视频轨道中选中需要调节大小和位置的视频片段，此时预览画面会出现红框，如图1-37所示。

02 使用双指放大画面，使视频素材的画面填充整个画布，如图1-38所示。

03 由于原始画面的比例发生了变化，所以要适当调整画面的位置，使其构图更好看。在预览区按住画面并拖动即可调整画面的位置，如图1-39所示。

图 1-37

图 1-38

图 1-39

1.4.5 剪辑视频

将多个视频片段按照特定顺序组合成一个完整视频的过程被称为"剪辑"。即使整个视频只包含一个镜头，也可能需要进行剪辑操作，例如删除多余部分或将镜头分割成不同片段，并重新排列组合，以创造全新的视觉体验，这些都属于剪辑的范畴。

在剪映中导入视频后，与剪辑相关的工具主要集中在"剪辑"工具组中，如图 1-40 所示。其中，最常用的工具包括"分割"和"变速"工具，它们的位置如图 1-41 所示。此外，为多段视频添加转场效果也是剪辑过程中的一个重要环节，它可以使视频过渡更加流畅、自然。转场的编辑界面如图 1-42 所示。

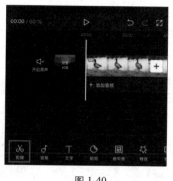
图 1-40

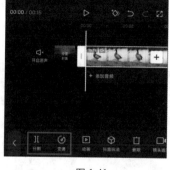
图 1-41

图 1-42

1.4.6　润色视频

润色视频与图片后期处理的操作方法类似，视频的影调和色彩同样可以在后期进行调整，具体的操作步骤如下。

01　打开剪映App，点击界面下方的"调节"按钮，如图1-43所示。

02　选择"亮度""对比度""高光"或"阴影"等工具，拖动滑块，即可实现对画面明暗、影调的调整，如图1-44所示。

03　也可以点击界面下方的"滤镜"按钮，如图1-44所示。通过添加滤镜来调整画面的影调和色彩。拖滑块，可以控制滤镜的强度，得到理想的画面色调，如图1-45所示。

图 1-43

图 1-44

图 1-45

1.4.7　添加音乐

通过剪辑将多个视频片段巧妙地串联在一起，并对画面进行细致润色后，视频的视觉效果就基本得以确定。接下来，为视频配上合适的音乐，能够进一步烘托短片所要传达的情感与氛围，使观众更加沉浸其中。添加音乐的具体操作步骤如下。

01　在添加背景音乐之前，首先点击视频轨道下方的"添加音频"按钮，进入音频编辑界面，如图1-46所示。

02　点击界面左下角的"音乐"按钮，即可选择背景音乐，如图1-47所示。若在该界面点击"音效"按钮，则可以选择一些简短的音频，针对视频中某个特定的画面进行配音。

03 进入"音乐"选择界面后，点击音乐右侧的↓按钮，即可下载该音频，如图1-48所示。

04 下载完成后，↓按钮会变为"使用"按钮。点击"使用"按钮后，即可将所选音乐添加到视频中，如图1-49
所示。

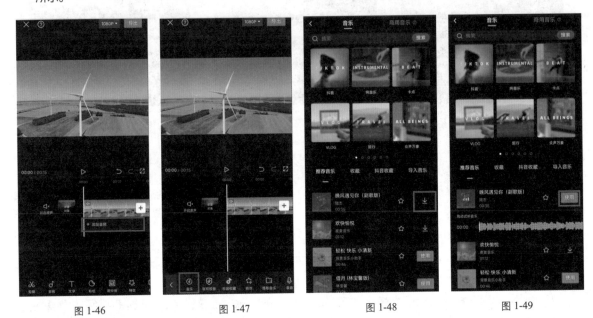

图1-46   图1-47   图1-48   图1-49

1.4.8 导出视频

对视频完成剪辑、润色以及添加背景音乐后，即可导出保存，或者直接上传到抖音、快手等平台进行发布。
导出视频的具体操作步骤如下。

01 点击剪映右上角的1080P按钮，如图1-50所示。

02 对"分辨率""帧率"和"码率"进行设置，完成设置后，点击右上角的"导出"按钮即可保存视频，如
图1-51所示。一般情况下，将"分辨率"设置为1080p，将"帧率"设置为30，"码率"设置为"推荐"即
可。但如果有充足的存储空间，则建议将"分辨率""帧率"和"码率"均设置为最高。

03 成功导出后，即可在相册中查看该视频，或者点击"抖音"或"西瓜视频"按钮，直接发布，如图1-52所示。

图1-50   图1-51   图1-52

第2章

剪映的进阶功能

2.1 使用"分割"功能让视频剪辑更灵活

2.1.1 "分割"功能的作用

使用"分割"功能可以轻松删除视频中的某一部分。另外，若想调整整段视频的播放顺序，也需要先借助"分割"功能将其分割成多个片段，随后对这些片段进行重新排序和组合。这种独特的视频剪辑手法称为"蒙太奇"。

2.1.2 利用"分割"功能截取精彩片段

导入素材后，通常我们只需要使用其中的某个特定部分。虽然可以通过选中视频片段并拖动白框来实现截取，但这种方法在精确度上有所欠缺。因此，为了更精确地截取所需的视频片段，建议使用"分割"功能，具体的操作步骤如下。

01　将时间线拉长，精确定位精彩片段的起始位置后，点击界面下方的"剪辑"按钮，如图2-1所示。

02　点击界面下方的"分割"按钮，如图2-2所示。

03　此时，所选位置出现黑色实线及 ┃ 图标，表示在此处分割了视频，如图2-3所示。将时间轴移至精彩片段的结尾处，按照同样的方法对视频进行分割。

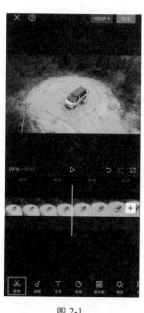
图 2-1

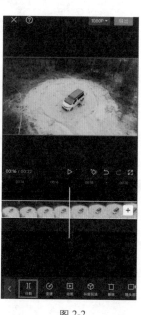
图 2-2

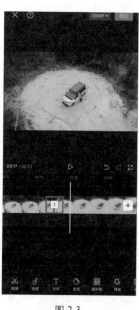
图 2-3

04　将时间线缩短，即可发现在两次分割后，原本只有一段的视频变为了3段，如图2-4所示。

05　分别选中前后两段视频，点击界面下方的"删除"按钮，如图2-5所示。

06 当前后两段视频被删除后，只剩下需要保留的那段精彩画面了，点击界面右上角的"导出"按钮即可保存视频，如图2-6所示。

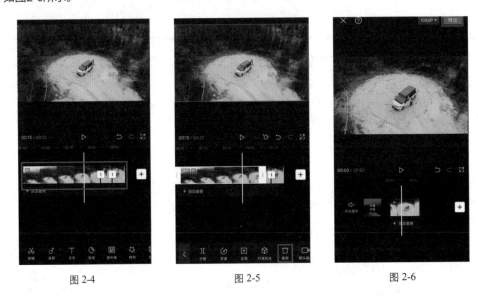

图 2-4　　　　　　　　　图 2-5　　　　　　　　　图 2-6

提示

　　一段原本5s的视频，在使用"分割"功能截取其中的2s后，实际上只是选择了视频的一个片段。此时，如果你选中这2s的视频片段并误操作拉动了其白框，它并不会恢复为原始的5s视频。然而，需要注意的是，被分割并删除的部分并没有真正消失，它们仍然存在于原始的视频文件中。如果在编辑过程中不小心调整了被分割视频片段的位置或时长，可能会导致之前删除的部分重新出现在视频中。因此，在进行视频编辑时，务必细心检查每一个操作，以确保最终的剪辑效果符合预期。

2.2 使用"编辑"功能对画面进行二次构图

2.2.1 "编辑"功能的作用

　　如果前期拍摄的视频画面存在歪斜或构图问题，可以通过"编辑"功能中的"旋转""镜像"和"裁剪"等工具进行一定程度的调整以弥补这些问题。然而，需要注意的是，除了"镜像"功能，旋转和裁剪操作都可能会在一定程度上降低画面的像素质量。因此，在使用这些工具时，需要权衡调整效果与像素损失之间的平衡，并根据具体需求做出选择。

2.2.2 利用"编辑"功能调整画面

　　利用"编辑"功能调整画面的具体操作步骤如下。

01 选中一段视频素材的轨道，即可在界面下方找到"编辑"按钮，如图2-7所示。

02 点击"编辑"按钮，会看到有3种操作选项可供选择，分别为"旋转""镜像"和"裁剪"，如图2-8所示。

03 点击"裁剪"按钮，进入如图2-9所示的裁剪界面。通过调整白色裁剪框的大小，再加上移动被裁剪的画面，即可确定裁剪位置。需要注意的是，一旦选定了裁剪范围，整段视频画面都将被裁剪。此外，裁剪界面显示的静态画面仅为该段视频的第一帧。因此，若要对一个片段中画面变化较大的部分进行精确裁剪，建议先使用"分割"功能将该部分单独截取，并导出为一个新视频。随后，再次打开剪映，并导入这个新视频进行裁剪操作，这样才能更准确地获得所需的画面效果。

04 点击该界面下方的"比例"按钮，即可固定裁剪框比例进行裁剪，如图2-10所示。

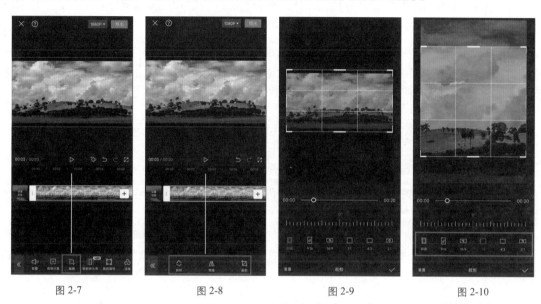

图 2-7   图 2-8   图 2-9   图 2-10

05 调节界面下方的角度滑块，即可对画面进行旋转，如图2-11所示。对于一些拍摄歪斜的素材，可以通过该功能进行校正。

06 若在图2-8中点击"镜像"按钮，视频画面会与原画面形成镜像对称，如图2-12所示。

07 若在图2-8中点击"旋转"按钮，则根据点击的次数，分别旋转90°、180°、270°，也就是只能调整画面的整体方向，如图2-13所示。与上文所说的可以精细调节画面的角度是两个功能。

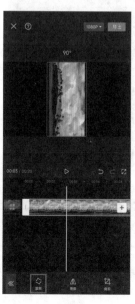

图 2-11   图 2-12   图 2-13

2.3 使用"变速"功能让视频张弛有度

2.3.1 "变速"功能的作用

当录制运动中的景物时，如果运动速度过快，肉眼难以捕捉每个细节。此时，可以利用"变速"功能降低画面中景物的运动速度，创造慢动作效果，让每个瞬间都清晰展现。

而对于变化过于缓慢、单调乏味的画面，则可以通过"变速"功能适当提升速度，产生快动作效果，缩短这些画面的播放时间，使视频更富有趣味性。此外，借助曲线变速功能，画面的快慢节奏可以进行灵活调整，从而提升观看体验。

2.3.2 利用"变速"功能实现快动作与慢动作混搭视频

利用"变速"功能实现快动作与慢动作混搭视频的具体操作步骤如下。

01 将视频素材导入剪映后，点击界面下方的"剪辑"按钮，如图2-14所示。

02 点击界面下方的"变速"按钮，如图2-15所示。

03 剪映提供了两种变速方式，一种是"常规变速"，即对所选的视频进行统一调速；另一种是"曲线变速"，即可以有针对性地对一段视频中的不同部分进行加速或者减速处理，而且加速、减速的幅度可以自行调节，如图2-16所示。

图 2-14

图 2-15

图 2-16

04 如果选择"常规变速"，可以通过拖动滑块控制加速或者减速的幅度。1×为原始速度，0.5×为2倍慢动作，0.2×为5倍慢动作，以此类推，从而确定慢动作的倍数，如图2-17所示。

05 2×表示2倍快动作，剪映最高可以实现100×的快动作，如图2-18所示。

06 如果选择"曲线变速"，可以直接使用预设好的速度，为视频中的不同部分添加慢动作或者快动作效果。但在大多数情况下，都需要选择"自定"选项，并根据视频进行手动设置，如图2-19所示。

图 2-17 　　　　　　　　　　　图 2-18 　　　　　　　　　　　图 2-19

07　选择"自定"选项后，该图标变为红色，再次点击即可进入编辑界面，如图2-20所示。

08　由于需要根据视频自行确定锚点位置，所以并不需要预设锚点。选中锚点后，点击"删除点"按钮，可以将其删除，如图2-21所示。删除后的界面如图2-22所示。

图 2-20 　　　　　　　　　　　图 2-21 　　　　　　　　　　　图 2-22

提示

　　曲线上的锚点不仅可以上下拉动以调整数值，还可以左右拖动以改变其在时间线上的位置。因此，在制作曲线变速时，通常无须删除锚点，只需通过拖动已有锚点即可将其精确调节至目标位置。然而，在处理较为复杂的变速效果时，锚点数量可能会增多，此时若存在未被使用的预设锚点，可能会干扰调节过程，甚至导致混淆个别锚点的具体作用。因此，建议在开始制作复杂的曲线变速之前，先删除不需要的预设锚点，以确保编辑过程的清晰和高效。

09　本例是一段足球视频，其中有对运动员精彩动作的特写，也有大场景的镜头。本次后期处理的目的是让精彩

的特写镜头以慢动作呈现，而让大场景的镜头以快动作呈现。因此，移动时间轴将其定格在精彩特写镜头开始的位置，并点击"添加点"按钮，如图2-23所示。

10 再将时间线定位到大场景的画面，并点击"添加点"按钮。向下拖动上一步在精彩镜头开始位置创建的锚点，即可形成慢动作效果；适当向上移动大场景镜头的锚点，即可形成快动作效果。由于曲线是连贯的，所以从慢动作到快动作的过程具有渐变效果，调整后的效果如图2-24所示。

11 按照这个思路，在精彩镜头和大场景开始的时刻分别建立锚点，并分别向下、向上拉动锚点形成慢动作和快动作效果，最终形成的曲线如图2-25所示。

12 由于本例的每个画面持续时间较短，并且画面切换频率较高，所以通过单独拉动一个锚点就可以满足变速需求。而当希望让较长时间的画面呈现慢动作或快动作效果时，就需要通过两个锚点，让曲线稳定在同一变速数值（纵轴），如图2-26所示。

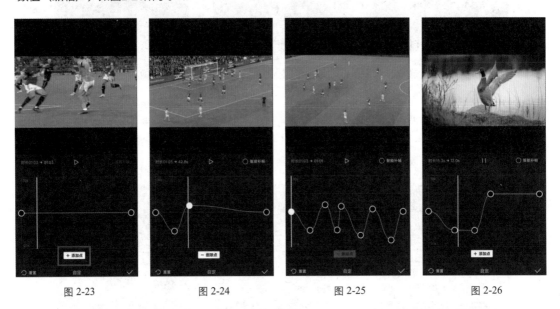

图 2-23　　　　　　图 2-24　　　　　　图 2-25　　　　　　图 2-26

2.3.3　曲线变速的三种高级用法

1. 三角曲线

　　三角曲线变速功能能够让视频画面在特定帧突然加速或减速，从而创造强烈的视觉冲击力和情感张力，尤其适用于镜头特写，以加强剧情的反转效果。以下是具体的操作步骤：首先，点击"曲线变速"按钮；接着，在曲线图中绘制一个类似三角形的曲线，其中尖端所对应的点即为变速最为显著的位置，也就是需要突出展示的镜头特写或慢动作部分，如图 2-27 所示。通过这样的操作，可以精准地控制视频的速度变化，以达到预期的视觉效果。

图 2-27

2. 子弹曲线

子弹曲线允许对视频片段的速度进行精细控制，通过在特定帧瞬间加速后迅速减速，可以创造出类似子弹发射、疾速冲击的视觉效果，这种速度的动态变化显著增强了视频的视觉冲击力。

在情感表达层面，子弹曲线功能同样展现出其独特魅力。当讲述故事或渲染情感高潮时，利用瞬间的快慢速切换，能够突出并强调关键画面，进而放大和强化主角的情绪波动。这种手法使观众能更深刻地感受到视频所传递的情感氛围。

具体操作步骤如下：首先点击"曲线变速"按钮，然后调整曲线的形态，使其先呈现陡峭上升的趋势以模拟子弹射出时的加速感，随后急剧下降以模拟子弹落地时的减速感，如图 2-28 所示。

图 2-28

3. 山谷曲线

山谷曲线可以有效地突出视频画面中产品的细节。在呈现产品关键特写或其重要功能时，通过慢动作来加强视觉冲击力，充分展示产品的精致细节与高品质感；而在过渡到非核心内容时，则可采用快进手法，使观众的注意力更加聚焦于产品的主要卖点，从而营造出一种高端大气的观看体验。

具体操作步骤如下：首先，将变速曲线调整为山谷形状，即呈现两端低、中间高的形态。这样，视频的速度将经历从慢到快再到慢的变化过程，产生类似行云流水或高潮迭起的视觉效果，如图 2-29 所示。通过这样的调整，可以更加精准地控制视频的播放速度，以突出产品的关键细节并提升整体的观看体验。

图 2-29

2.4　使用"定格"功能制作人物出场效果

2.4.1　"定格"功能的作用

"定格"功能能够创造一种时间暂停的视觉效果，在关键时刻让人物"凝固"在画面中，随后再继续动作。这种静止与运动之间的鲜明对比，能够有效吸引观众的注意力，增强视觉上的戏剧张力和冲击力。

在人物登场时，运用"定格"功能尤为合适。画面定格期间，可以在人物旁边或画面上方添加动态文字，对人物进行详细介绍,如姓名、身份、性格特点等关键信息。这样做不仅能让观众将注意力集中在人物身上,尤其在角色首次亮相时,更有助于塑造鲜明的人物形象,使观众对这个重要的出场时刻留下深刻印象。

2.4.2 利用"定格"功能突出人物

利用"定格"功能突出人物的具体操作步骤如下。

01 导入一段长度为6s的视频素材,移动时间轴到希望进行定格的画面,如图2-30所示。

02 保持时间轴的位置不变,选中该视频片段,在工具栏中找到"定格"按钮,如图2-31所示。

03 点击"定格"按钮后,在时间轴的右侧即会出现一段时长为3s的静态画面,此时视频长度变为9s,如图2-32所示。

图 2-30   图 2-31   图 2-32

04 选中定格的那3s画面,点击"复制"按钮,复制画面视频,此时视频长度变为12s,如图2-33所示。

05 选中复制的3s定格画面,点击"切画中画"按钮,并将画中画对应到视频中原本的3s定格画面,此时视频长度为9s,如图2-34所示。

06 选中画中画的3s定格画面轨道,点击界面下方的"抠像"按钮,如图2-35所示。

图 2-33   图 2-34   图 2-35

07 点击"智能抠像"中的"抠像描边"按钮，如图2-36所示。

08 选择"单层描边"效果，并调整单线的"大小"及"透明度"值，如图2-37所示。

09 选中画中画视频轨道，在定格画面的最右端创建关键帧，向左拉动时间轴，把画面中的"抠图人像"放大，如图2-38所示。

图 2-36

图 2-37

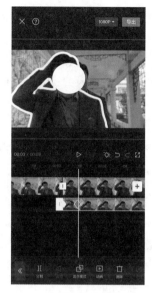

图 2-38

10 为原视频中的定格画面添加"模糊"特效效果，效果如图2-39所示。

11 点击界面下方中"文本"的"新建文本"按钮，为抠像定格画面添加文字，文字具体内容为人物的简介，此处选择字体为"江湖体"，并添加到人物的右上方，如图2-40所示。

12 根据文字的长短修改定格画面的时长、特效时长，此处将原视频定格画面和画中画定格画面缩短至2s，此时视频时长为8s，如图2-41所示。

图 2-39

图 2-40

图 2-41

2.5 使用"倒放"功能制作"鬼畜"效果

2.5.1 "倒放"功能的作用

"倒放"功能是指将视频从结尾反向播放至开头。当视频内容记录了一些随时间发生变化的场景，比如花朵的绽放与凋零、太阳的升起与落下等，使用这一功能便能营造出一种时光倒流的独特视觉效果。然而，由于这种应用方式相对常见且操作简单，本节将通过制作一度极为流行的"鬼畜"效果来深入讲解"倒放"功能的具体运用方法。通过这种方式，读者不仅能够理解"倒放"功能的基本原理，还能学会如何将其应用于更加富有创意和个性化的视频编辑中。

2.5.2 利用"倒放"功能制作"鬼畜"效果

利用"倒放"功能制作"鬼畜"效果的具体操作步骤如下。

01 使用"分割"工具，截取视频中的一个完整动作。此处截取的是画面中人物端起水杯到嘴边的动作，如图2-42所示。

02 选中截取后的素材，点击界面下方的"复制"按钮，如图2-43所示。

03 选中刚复制的素材，点击界面下方的"倒放"按钮，制作人物拿起水杯又放下的效果，如图2-44所示。

04 再次选中原始的素材视频，点击界面下方的"复制"按钮，将复制后的视频移至轨道末端，如图2-45所示。至此，就形成了一个简单的"鬼畜"循环——水杯拿起又放下，接着又拿起的效果。

图 2-42   图 2-43   图 2-44   图 2-45

提示

在该步骤中，同样可以选择第一段视频素材进行倒放操作。这是因为只要确保在3段展示同一动作的视频中，中间那段视频的播放顺序与其他两段相反，便能实现所需的"鬼畜"或其他特殊效果。

05 最后，为每一个片段做加速处理，使动作速度更快，形成"鬼畜"画面效果。变速倍数需要根据原视频的动作速率设置，通过多次尝试后进行确定，此处设置为7.6x左右，如图2-46所示。

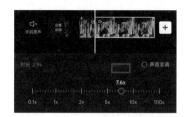

图 2-46

2.6　通过"防抖"和"降噪"功能提高视频质量

2.6.1　"防抖"和"降噪"功能的作用

在使用手机进行视频录制时，运镜过程中常常会遇到画面晃动的问题。通过剪映中的"防抖"功能，可以显著减少这种晃动，使画面呈现更加稳定的效果。

另外，剪映的"降噪"功能在处理户外拍摄视频时非常实用，它能够有效减少背景噪声。有趣的是，当在安静的室内环境中录制视频时，尽管本身噪声已经很少，但使用"降噪"功能还可以进一步突出并提升人声的音量，使对话或讲解更加清晰可闻。

2.6.2　"防抖"和"降噪"功能的使用方法

"防抖"和"降噪"功能的使用方法如下。

01 导入一段视频素材并选中视频素材轨道，点击界面下方的"防抖"按钮，如图2-47所示。

02 调整"防抖"的程度，一般设置为"推荐"即可，如图2-48所示。此时完成了视频防抖操作。

03 在选中视频片段的情况下，点击界面下方的"降噪"按钮，如图2-49所示。

04 将界面右下角的"降噪开关"打开，即完成"降噪"处理，如图2-50所示。

图 2-47　　　　　　　　图 2-48　　　　　　　　图 2-49　　　　　　　　图 2-50

2.7 形影不离的"画中画"与"蒙版"功能

2.7.1 "画中画"与"蒙版"功能的作用

通过"画中画"功能，我们可以在一个视频画面中同时展示多个不同的画面，这是该功能最直接的应用方式。然而，"画中画"功能更为重要的作用在于它能够创建多条视频轨道。当结合使用"蒙版"功能时，我们可以精准地控制画面中特定区域的显示效果。因此，"画中画"与"蒙版"功能经常是相辅相成、同时使用的，以实现更为复杂和精细的视频编辑效果。

2.7.2 "画中画"功能的使用方法

"画中画"功能的使用方法如下。

01 首先添加一个"黑场"素材，如图2-51所示。

02 将画面比例设置为9:16，并让"黑场"铺满整个画面，然后点击界面下方的"画中画"按钮（此时不要选中任何视频片段），继续点击"新增画中画"按钮，如图2-52所示。

03 选中要添加的素材后，即可调整"画中画"在视频中的显示位置和大小，并且界面下方也会出现"画中画"轨道，如图2-53所示。

04 当不再选中"画中画"轨道后，即可再次点击界面下方的"新增画中画"按钮添加画面。结合"编辑"工具，还可以对该画面进行排版，如图2-54所示。

图 2-51

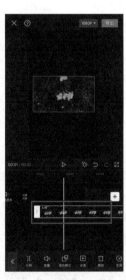
图 2-52
图 2-53

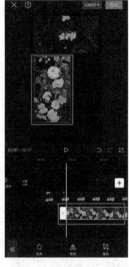
图 2-54

2.7.3 利用"蒙版"功能实现人物消失效果

利用"蒙版"功能实现人物消失效果的具体操作步骤如下。

01 准备一段需要剪辑的视频素材，如图2-55所示。

02 在视频中截取一张背景图片，利用抠图软件将画面中的人像抠除，抠图后的效果如图2-56所示。

图 2-55

图 2-56

03　打开剪映，导入处理好的背景图片，如图2-57所示。

04　点击界面下方的"画中画"按钮，导入需要剪辑的视频素材，并将背景图片轨道和原视频素材轨道对齐，如图2-58所示。

05　再次点击界面下方的"画中画"按钮，打开素材库，在搜索框内输入"粒子"，搜索相关素材，如图2-59所示。

图 2-57

图 2-58

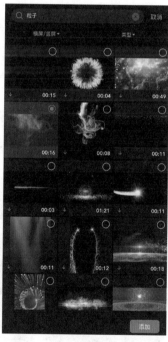

图 2-59

06　选择合适的"粒子"素材并添加，此处选择的粒子效果如图2-60所示。

07　根据人物的位置调整"粒子"素材的大小及位置，此处想让视频素材中的第一个人物在画面中消失，所以根据人物的大小和位置调整"粒子"素材的位置，如图2-61所示。

08　选中粒子素材视频轨道，点击界面下方的"混合模式"按钮，选择"滤色"选项，根据画面调整素材的参数，如图2-62所示。

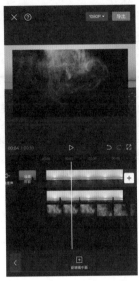
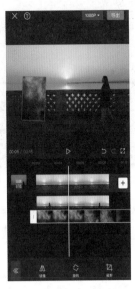

| 图 2-60 | 图 2-61 | 图 2-62 |

09　选中画中画视频素材，在开头处创建关键帧，如图2-63所示。

10　点击界面下方的"蒙版"按钮，选择"线性"蒙版效果，将其拖至视频的左上角，如图2-64所示。

11　点击蒙版中的"设置参数"按钮，选择"羽化"选项，设置羽化值，让视频画面中的人物过渡更加自然，如图2-65所示。

12　将时间线拖至画中画视频的最右端，将"线性蒙版"的线条拖至要消失的人物主体的右端，如图2-66所示。

| 图 2-63 | 图 2-64 | 图 2-65 | 图 2-66 |

13　为视频添加合适的背景音乐。

提示

　　蒙版的移动与粒子素材的出现应相互协调，这需要根据具体画面进行相应的调整，以确保二者的契合。

2.8 利用"智能抠像"与"色度抠图"功能实现一键抠图

2.8.1 "智能抠像"与"色度抠图"功能的作用

"智能抠像"与"色度抠图"功能均旨在实现视频画面中特定区域的精确提取，以便进行背景更换或特效合成等后续操作。具体来说，"智能抠像"是一种基于 AI 技术的快速、自动化抠图方法，它能够通过智能算法分析图像的色彩、轮廓及纹理信息，从而准确识别并区分前景主体与背景。这种功能可以自动将人物或其他物体从复杂的背景中分离出来，大大减少了手动调整的烦琐过程，提升了视频编辑的效率。

"色度抠图"则是根据画面中某一特定颜色范围来确定保留或去除的部分。其最常见的应用场景是绿幕 /蓝幕抠像，通过设置特定的颜色阈值，软件能够精准地识别并排除指定颜色范围内的像素。这样，前景主体可以被精确地分离出来，方便用户进行背景替换或添加其他视觉效果。这种抠图方式在视频制作中广泛应用，为特效合成提供了极大的便利。

2.8.2 使用"智能抠像"功能实现人物"各地游"效果

使用"智能抠像"功能实现人物"各地游"效果的具体操作步骤如下。

01 导入几段不同地方风景的视频片段，如图2-67所示。

02 点击界面下方的"画中画"按钮，导入带有人物的视频片段，并将导入的"画中画"视频轨道与原视频轨道对齐，画面大小也要保持一致，如图2-68所示。

03 选中"画中画"视频轨道，点击下方的"抠像"按钮，如图2-69所示。

图 2-67

图 2-68

图 2-69

04 点击"智能抠像"按钮进行抠像，如图2-70所示。

05 抠像完成后，视频画面变成了人在不同地方穿梭的效果，如图2-71和图2-72所示。

06 为视频添加合适的背景音乐，完成视频制作。

图 2-70

图 2-71

图 2-72

2.8.3 使用"色度抠图"功能制作相册转场效果

使用"色度抠图"功能制作相册转场效果的具体操作步骤如下。

01 打开剪映App，导入一段视频素材，如图2-73所示。

02 点击界面下方的"画中画"按钮，从素材库中搜索"翻书"素材，找到内页色彩鲜明的翻书素材，如图2-74所示。

03 点击"添加"按钮，将翻书视频素材加到"画中画"视频中，如图2-75所示。

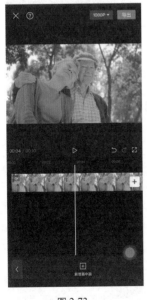
图 2-73

图 2-74

图 2-75

04 调整画中画翻书素材的大小，使其和原视频素材大小一致，如图2-76所示。

05 选中"画中画"视频轨道，点击界面下方"抠像"中的"色度抠图"按钮，如图2-77所示。

06　用取色器选取页面中的绿色，如图2-78所示。

图 2-76　　　　　　　　　　图 2-77　　　　　　　　　　图 2-78

07　点击"强度"按钮，将"强度"值设置为100，如图2-79所示。

08　点击"阴影"按钮，根据画面的抠图情况，调整"阴影"值，如图2-80所示。

09　选中"画中画"素材视频轨道，点击下方的"音量"按钮，将音量调整为0，如图2-81所示。

10　为视频添加合适的背景音乐，完成视频制作。

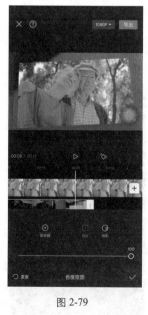
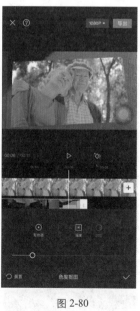

图 2-79　　　　　　　　　　图 2-80　　　　　　　　　　图 2-81

2.9 利用关键帧让画面动起来

2.9.1 关键帧的作用

通过设置关键帧，我们能够为视频中的各种画面元素（如文字、图片、视频片段等）的诸多属性（如位置、大小、透明度等）打造出流畅的动画效果。举例来说，我们可以在某一时间点为文本框设定一个关于位置和大小的关键帧，然后在另一个时间点为其设定不同的位置和大小，从而实现文本框从一个状态到另一个状态的平滑过渡。

在视频特效方面，关键帧的应用同样广泛。无论是滤镜、色彩校正还是色调映射等特效，添加关键帧都可以使这些特效参数随时间发生动态变化。例如，我们可以利用关键帧技术来实现视频片段从彩色逐渐过渡到黑白的视觉效果。

此外，在剪辑不同素材时，关键帧也发挥着重要作用。我们可以借助关键帧设计出各种复杂的转场动画，如旋转、缩放或淡入淡出等，使不同素材之间的过渡更加自然、流畅。

最后，在素材的融合与叠加方面，关键帧同样大显身手。通过调整混合模式、遮罩或其他合成属性，并结合关键帧的使用，我们可以将多个素材巧妙地融合在一起，创造出具有多层叠加效果和动态变化的丰富画面。

2.9.2 利用关键帧制作视频进度条

利用关键帧制作视频进度条的具体操作步骤如下。

1. 制作进度条的条框

01 导入准备好的视频素材，如图2-82所示。

02 点击界面下方的"新增画中画"按钮，再点击界面上方的"素材库"按钮，如图2-83所示。

03 在素材库的"背景"栏中选择一张浅色图片导入视频中，并将其轨道对应至原素材视频轨道，如图2-84所示。

图 2-82

图 2-83

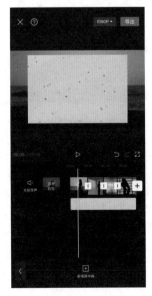
图 2-84

04 将导入的浅色图片放大至视频画面大小，将其下拉至视频底端，留出的大小根据想要呈现的进度条大小来定，如图2-85所示。

05　选中画中画图素材轨道，点击界面下方的"不透明度"按钮，设置"不透明度"值为28，如图2-86所示。

06　点击界面下方的"新增画中画"按钮，从"素材库"的"背景"栏中再导入一张图片，如图2-87所示。

图 2-85　　　　　　　　图 2-86　　　　　　　　图 2-87

2. 让进度条动起来

01　调整新导入的图片，将其覆盖到上一张图片上，如图2-88所示。

02　选中新导入图片的图层轨道，将时间轴拖至轨道的最左端，点击"关键帧"按钮，添加关键帧，如图2-89所示。

03　点击下方的"蒙版"按钮，如图2-90所示。

图 2-88　　　　　　　　图 2-89　　　　　　　　图 2-90

04　点击"线性蒙版"按钮，将其逆时针旋转到90°，如图2-91所示。

05 将旋转后的线性蒙版拉至视频画面的最左边，如图2-92所示。

06 选中新导入图片的图层轨道，将时间轴拉至轨道的结尾，在结尾的位置创建一个关键帧，如图2-93所示。

07 将线性蒙版拉至视频画面的最右边。

<table>
<tr><td>图 2-91</td><td>图 2-92</td><td>图 2-93</td></tr>
</table>

3. 添加进度条文字

01 点击界面下方"文本"中的"新建文本"按钮，根据视频内容把关键词输入文本框，如图2-94所示。

02 调整文本的大小以及字体样式，将文字移至进度条的框内，如图2-95所示。

03 采用同样的方法，输入视频的其他关键词并拖至进度条框内，将全部的文字轨道与原视频轨道对齐。需要注意的是，关键词文本之间根据视频素材对应的内容加分隔符，使进度条更细化，如图2-96所示。

<table>
<tr><td>图 2-94</td><td>图 2-95</td><td>图 2-96</td></tr>
</table>

4. 为进度条添加贴纸动画

01　点击界面下方的"贴纸"按钮，选择合适的贴纸动画，如图2-97所示。

02　调整贴纸的大小及位置，将其放到进度条上方，如图2-98所示。

03　选中贴纸轨道，将时间轴拉至轨道的最左端，点击"关键帧"按钮，添加关键帧，如图2-99所示。

04　将时间轴移至轨道的最右端，并将贴纸拉至进度条最右端，如图2-100所示。现在动画跟随进度条往右侧移动，使进度条更具趣味性。

　　图 2-97　　　　　　　图 2-98　　　　　　　图 2-99　　　　　　　图 2-100

2.10　使用"抖音玩法"功能增添视频趣味性

2.10.1　"抖音玩法"功能的作用

　　"抖音玩法"功能相较于常规功能中的特效、转场、贴纸等，有着显著的不同。它巧妙地借助 AI 工具，实现了诸如卡点、运镜、变装、场景替换、人物风格转换、绘画以及变脸等一系列创新功能。这些功能不受限于传统的格式和框架，提供了更为丰富多样的画面玩法和增强的趣味性。因此，它们能够更有效地帮助创作者打造出更加生动有趣、紧跟潮流的视频内容，为用户带来全新的视觉体验。

2.10.2　利用"抖音玩法"功能实现一键扩图

　　利用"抖音玩法"功能实现一键扩图的具体操作步骤如下。

01　导入一张图片素材，要注意的是，上传的照片素材最好是近景，这里导入了一张只有人物上半身的图片，如图2-101所示。

02　选中素材轨道，点击界面下方的"复制"按钮，复制照片素材，如图2-102所示。

03　选中后半段复制的图片素材轨道，点击界面下方的"抖音玩法"按钮，如图2-103所示。

图 2-101　　　　　　　　　　图 2-102　　　　　　　　　　图 2-103

04　点击"智能扩图"按钮，进行效果生成，如图2-104所示。

05　生成扩图效果后，景别变成了远景，人物主体变身成了全身图，背景也扩展了，如图2-105所示。

06　在原照片和扩图后的照片轨道中间添加"转场"效果，如图2-106所示。

07　为视频添加合适的背景音乐，完成视频的制作。

图 2-104　　　　　　　　　　图 2-105　　　　　　　　　　图 2-106

2.10.3　利用"抖音玩法"功能让照片"动"起来

利用"抖音玩法"功能让照片"动"起来的具体操作步骤如下。

01　导入一张图片素材，如图2-107所示。

02　选中素材轨道，点击"抖音玩法"按钮，再点击"运镜"中的"3D运镜"按钮，等待一段时间生成效果，如

图2-108所示。

03 效果生成后，一张静态的照片"动"了起来，仿佛是一个通过运镜拍摄的视频，使画面更加丰富，增加视频的趣味性，如图2-109所示。

04 为视频选择合适的背景音乐，完成视频的制作。

图 2-107　　　　　　　　图 2-108　　　　　　　　图 2-109

2.11　使用"镜头追踪"功能让视频更具动感

2.11.1　"智能运镜"和"镜头追踪"功能的作用

　　"智能运镜"功能是一项先进的技术，它能够自动追踪人物并在拍摄过程中灵活地调整相机的镜头、角度和距离。这一功能的目的是确保被拍摄对象始终保持在稳定的视野中。虽然其实现方式与关键帧结合音乐节奏对画面进行变速、位置缩放等处理在表面上有些相似，但它们的本质原理和应用场景是不同的。"智能运镜"更多是在拍摄过程中实时调整，以达到最佳的视觉效果。

　　而"镜头追踪"功能则特别适用于人物拍摄 Vlog 或第三人称视角镜头时。在这些情况下，由于无法实时观看取景范围或受到环境因素的影响，主体位置可能会变得不稳定，导致人物在画面中偏移较大。剪映的"镜头追踪"功能相当于在后期编辑阶段进行镜头调整，它能够自动识别并追踪画面中的主体，通过调整画面的位置和大小，确保被摄主体始终位于画面中心。这一功能大大提升了视频的稳定性和观看体验。

2.11.2　利用"智能运镜"功能让视频更具动感

　　利用"智能运镜"功能让视频更具动感的具体操作步骤如下。

01 导入一段平稳的视频素材，选中素材轨道，点击界面下方的"镜头追踪"按钮，如图2-110所示。

02 选择"智能运镜"选项下的"缩放"运镜，等待一段时间生成智能运镜效果，如图2-111所示。

03 效果生成后，之前平稳的视频已经变成了有缩放运镜的视频，让视频变得更有动感了，如图2-112所示。

图 2-110   图 2-111   图 2-112

第3章

剪映中文本和音乐的呈现

3.1 短视频中文字的呈现

为了让视频传达的信息更丰富，让重点内容更突出，许多视频都会融入文字元素，例如视频的标题、字幕、关键词和歌词等。此外，为这些文字增添动画效果和特效，并将它们巧妙地放置在合适的位置，可以显著提升视频画面的美感和吸引力。

在本章中，我们将专门探讨剪映中与文字相关的各项功能，通过详细的讲解和指导，帮助读者掌握如何利用这些功能制作出既信息丰富又美观动人的"图文并茂"的视频作品。无论是添加基本的文字元素，还是运用高级的动画和特效，本章都将提供实用的技巧和建议，助力读者在视频制作中充分发挥文字的魅力。

3.1.1 为视频添加标题

为视频添加标题的具体操作步骤如下。

01 将视频导入剪映后，点击界面下方的"文字"按钮，如图3-1所示。

02 继续点击界面下方的"新建文本"按钮，如图3-2所示。

03 输入标题文字，如图3-3所示。

图 3-1　　　　　图 3-2　　　　　图 3-3

04 切换到"字体"选项卡，在其中可以更改字体。而文字的大小则可以通过放大或缩小的手势进行调整，如图3-4所示。

05 切换到"样式"选项卡，更改文字颜色。为了让标题更突出，当文字的颜色设定为橘黄色后，选择界面下方的"描边"选项卡，将边缘设置为蓝色，从而利用对比色让标题更鲜明，如图3-5所示。

06 确定好标题的样式后，还需要通过"文本"轨道和时间轴来确定标题显示的时间。在本例中，希望标题始终
出现在视频中，所以让"文本"轨道完全覆盖"视频"轨道，如图3-6所示。

图3-4   图3-5   图3-6

3.1.2 为视频添加字幕

为视频添加字幕的具体操作步骤如下。

01 将视频导入剪映后，点击界面下方的"文字"按钮，并点击"识别字幕"按钮，如图3-7所示。

02 在点击"开始匹配"按钮之前，建议选中"同时清空已有字幕"复选框，防止在反复修改时出现字幕错乱的
问题，如图3-8所示。自动生成的字幕会出现在视频下方，如图3-9所示。

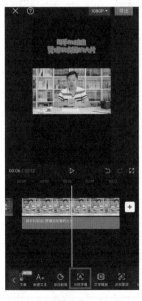  

图3-7   图3-8   图3-9

03　点击字幕并拖动，即可调整其位置。通过放大或缩小的手势，可调整字幕大小，如图3-10所示。值得一提的是，当对其中一段字幕进行修改后，其余字幕将自动进行同步修改（默认设置），比如，在调整位置并放大图3-10中的字幕后，图3-11中的字幕位置和大小将同步修改。同样，还可以对字幕的颜色和字体进行详细调整，如图3-12所示。另外，如果取消选中"应用到所有字幕"复选框，则可以在不影响其他字幕效果的情况下，单独对某一段字幕进行修改。

图 3-10　　　　　　　　　　图 3-11　　　　　　　　　　图 3-12

3.1.3　让文字跟随物体移动

让文字跟随物体移动的具体操作步骤如下。

01　导入一段视频素材，如图3-13所示。

02　点击界面下方的"文本"按钮，并添加相关文本，如图3-14所示。

03　将添加的文本轨道与视频素材轨道对齐，如图3-15所示。

图 3-13　　　　　　　　　　图 3-14　　　　　　　　　　图 3-15

04 选中文字轨道，点击界面下方的"跟踪"按钮，如图3-16所示。

05 选择跟踪的物体，并调整好所选区域，如图3-17所示。

06 点击"开始追踪"按钮，文字便会跟随目标移动，如图3-18所示。

07 为视频添加合适的背景音乐，完成视频的制作。

图 3-16　　　　　　　　图 3-17　　　　　　　　图 3-18

利用文字动画制作"打字"效果

很多视频的标题都是通过"打字"效果进行动态展示的。这种效果是通过将文字入场动画与音效巧妙地配合在一起实现的。接下来，我们将通过一个简单的实例，详细讲解如何为文字添加这种生动的动画效果。具体的操作步骤如下。

01 选择希望制作"打字"效果的文字，并添加"入场动画"分类下的"打字机Ⅰ"动画，如图3-19所示。

02 依次点击界面下方的"音频"和"音效"按钮，为其添加"机械"分类下的"打字声"音效，如图3-20所示。

03 为了让"打字声"音效与文字出现的时机相匹配（文字在视频一开始就逐渐出现），所以适当减少"打字声"音效的开头部分，从而令音效在视频开始时就出现，如图3-21所示。

图 3-19　　　　　　　　图 3-20　　　　　　　　图 3-21

04　接下来要让文字随着"打字声"音效逐渐出现，所以要调节文字动画的速度。再次选择文本轨道，点击界面下方的"动画"按钮，如图3-22所示。

05　适当增加动画时间，并反复试听，直到最后一个文字出现的时间点与"打字声"音效结束的时间点基本一致。对于本例而言，当"入场动画"时长设置为1.6s时，与"打字声"音效基本匹配，如图3-23所示。至此，"打字"效果制作完成。

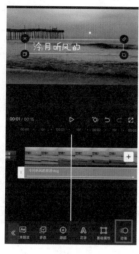

图 3-22　　　　　　　　　　　图 3-23

3.1.4　制作"穿插式"文字效果

制作"穿插式"文字效果的具体操作步骤如下。

01　导入一段视频素材，如图3-24所示。

02　选中视频素材轨道，点击"文字"按钮，为视频添加文字并调整好文字的样式、大小和位置，如图3-25所示。

03　选中文字轨道，点击"动画"中的"循环"按钮，为文字添加"晃动"动画效果，如图3-26所示。

图 3-24　　　　　　　图 3-25　　　　　　　图 3-26

04　点击"画中画"按钮，添加第一步导入的原视频素材，如图3-27所示。

05 选中画中画素材轨道，点击"抠像"按钮，选择"智能抠像"效果，如图3-28所示。抠像完成后，文字出现在人物主体的后面，效果如图3-29所示。

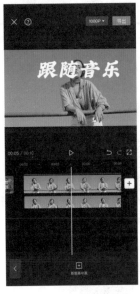  

图 3-27　　　　　　　　　　图 3-28　　　　　　　　　　图 3-29

06 选中原视频素材轨道，点击"文本"中的"新建文本"按钮，再添加一行文字，并设置其字体、大小及位置。此时文字是覆盖在人物主体表面的，这样和前面添加的文字以及人物主体形成一种穿插感，如图3-30所示。

07 选中新添加的文字轨道，点击"动画"按钮，为新添加的文字添加"入场"及"循环"动画，如图3-31和图3-32所示。

08 为视频添加合适的音乐，完成动画的制作。

图 3-30　　　　　　　　　　图 3-31　　　　　　　　　　图 3-32

3.1.5　制作文字镂空式转场效果

制作文字镂空式转场效果的具体操作步骤如下。

01 导入一段视频素材，如图3-33所示。

02 选中视频轨道，点击界面下方"文本"中的"新建文本"按钮，为视频添加文字。需要注意的是，文字的颜色一定是鲜艳且容易识别取色的，如图3-34所示。

03 选中文字轨道，将时间轴移至文字轨道的最左侧，点击"关键帧"按钮，添加关键帧。接着将时间轴移至轨道的最右端，将文字放到最大直到溢出画面为止，此时在此位置自动添加关键帧。需要注意的是，要根据视频长度及文字移动的速度调整关键帧，如图3-35所示。

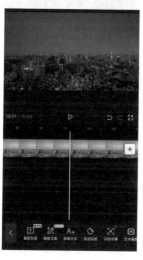
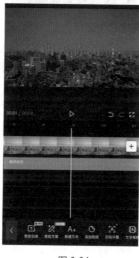

图 3-33　　　　　　　　图 3-34　　　　　　　　图 3-35

04 导出视频用作备用素材。

05 导入另一段素材，作为转场后的视频画面，如图3-36所示。

06 点击界面下方的"画中画"按钮，添加刚才导出的视频素材，并与原视频素材轨道对齐，如图3-37所示。

07 选中导入的画中画素材轨道，点击下方的"抠像"按钮，进入如图3-38所示的界面。

图 3-36　　　　　　　　图 3-37　　　　　　　　图 3-38

08　点击"色度抠像"中的"取色器"按钮，进行文字取色，选择文字的颜色，如图3-39所示。

09　点击"强度"按钮，设置色度抠像的"强度"值，如图3-40所示。

10　抠像完成后，以文字转场的效果就呈现出来了，如图3-41所示。

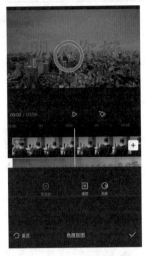
图 3-39

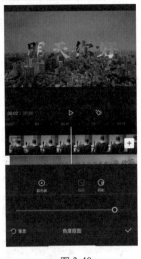
图 3-40

图 3-41

11　为视频添加合适的背景音乐，完成视频的制作。

3.2　短视频中音乐的呈现

如果没有音乐的衬托，仅有动态画面，视频往往会给人一种单调乏味的感觉。因此，在视频后期制作中，加入背景音乐是一项至关重要的操作，它能够为视频注入情感和活力，提升整体的观赏体验。

1. 烘托视频情绪

有些视频画面平静淡然，而有些则紧张刺激。为了增强视频的情绪表达，让观众更深刻地感受到视频所传递的情感，添加音乐成为一个关键步骤。在剪映中，音乐库被精心分类，如"舒缓""轻快""可爱""伤感"等，这些分类正是基于不同的"情绪"来划分的。这样的设计使用户能够根据视频所要传达的情绪，迅速找到与之相匹配的背景音乐，如图 3-42 所示。通过选择合适的音乐，视频的情感表达得以强化，观众也能更容易被视频所感染。

图 3-42

2. 为剪辑节奏打下基础

剪辑在视频制作中发挥着至关重要的作用，它能够精准地控制不同画面的出现节奏。同样地，音乐也拥有其独特的节奏感。当视频中的每一个画面转换都精准地落在音乐的节拍上，并且转换频率较快时，就形成了备受欢迎的"音乐卡点"视频。值得一提的是，即使不是为了特意追求"音乐卡点"效果，在画面转换时与音乐的节拍相匹配，也能够显著提升视频的节奏感，使观众在观看过程中获得更加愉悦的体验。

3.2.1　为视频添加音乐的方法

1. 直接从剪映"音乐库"中添加音乐

使用剪映为视频添加音乐的方法非常简单，只需以下 3 步即可。

01　在不选中任何视频轨道的情况下，点击界面下方的"音频"按钮，如图3-43所示。在添加背景音乐时，也可以点击视频轨道下方的"添加音频"按钮，与点击"音频"按钮的作用是相同的，如图3-44所示。

02　点击界面下方的"音乐"按钮，如图3-45所示。

03　在界面上方，从各个分类中选择希望使用的音乐，或者在搜索栏中输入某个音乐名称。也可以在界面下方从"推荐音乐"或"我的收藏"中选择音乐。

04　点击音乐右侧的"使用"按钮，即可将其添加至音频轨道，点击☆图标，即可将其添加到"我的收藏"分类中，如图3-46所示。

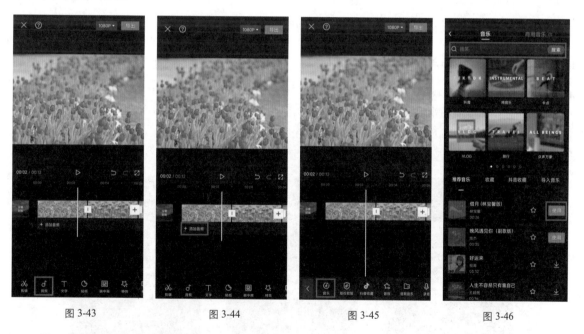

图 3-43　　　　　　　图 3-44　　　　　　　图 3-45　　　　　　　图 3-46

2. 利用"提取音乐"功能使用名字未知的背景音乐

如果在观看某些视频时，听到了自己喜欢的背景音乐，但又不知道这首音乐的名字，别担心，你可以通过"提取音乐"功能轻松将这首音乐添加到自己的视频中。具体的操作步骤如下。

01　准备好具有该背景音乐的视频，然后依次点击界面下方的"音频"和"提取音乐"按钮，如图3-47所示。

02　选中已经准备好的、具有好听背景音乐的视频，并点击"仅导入视频的声音"按钮，如图3-48所示。

03　提取出的音乐会出现在时间线的音频轨道中，如图3-49所示。

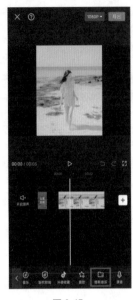  

图 3-47　　　　　　　图 3-48　　　　　　　图 3-49

3.2.2　为视频配音并变声

在视频制作过程中，除了添加背景音乐，有时还需要加入一些语言来辅助表达内容。这时，剪映就显得尤为强大，它不仅提供了配音功能，让用户能够为视频添加自定义的旁白或对话，还具备语音变声功能。通过变声处理，用户可以为视频中的角色创造独特的声音，或者增加一些趣味性和创意性。具体的操作步骤如下。

01 如果在前期录制视频时录下了一些杂音，那么在配音之前，需要先将原视频声音关闭，否则会影响配音效果。选中这段待配音的视频后，点击界面下方的"音量"按钮，并将"音量"值调整为0，如图3-50所示。

02 点击界面下方的"音频"按钮，并点击"录音"按钮，如图3-51所示。

03 按住界面下方的红色按钮，即可开始录音，如图3-52所示。

图 3-50　　　　　　　图 3-51　　　　　　　图 3-52

04 释放红色按钮，即可完成录音，其音轨如图3-53所示。

05 选中录制的音频轨道，点击界面下方的"声音效果"按钮，如图3-54所示。

06 选择喜欢的声音效果即可完成变声操作，如图3-55所示。

图 3-53　　　　　　　　　　图 3-54　　　　　　　　　　图 3-55

3.2.3　利用音效让视频更精彩

当视频中出现与画面内容相匹配的音效时，会显著增强视频的代入感，使观众更加沉浸其中。剪映自带的"音效库"资源丰富，为视频制作提供了诸多便利。下面将详细介绍在剪映中如何添加音效，以提升视频的整体观感和体验的方法。

01 依次点击界面下方的"音频"和"音效"按钮，如图3-56所示。

02 点击界面中不同的音效分类，如综艺、笑声、机械等，即可选择该分类下的音效。点击音效右侧的"使用"按钮，即可将其添加至音频轨道，如图3-57所示。或者直接搜索希望使用的音效，如"电视故障"，与其相关的音效就都会显示在画面下方。从中找到合适的音效，点击右侧的"使用"按钮即可，如图3-58所示。

图 3-56　　　　　　　　　　图 3-57　　　　　　　　　　图 3-58

03 移动时间轴，找到与音效相关画面（"电视故障"效果）的起始位置，并将音效与时间轴对齐，如图3-59所示。

04 由于音效不是立刻就会有声音，所以往往需要将音效向左移动一点儿，从而让画面与音效完美匹配。至于要向左移动多少距离，则需要根据实际情况进行试听来判断。在本例中，"电视故障"音效的位置如图3-60所示。

图 3-59   图 3-60

3.2.4 对音量进行个性化调整

1. 单独调节每个音轨的音量

为视频添加了背景音乐、音效或配音之后，时间线中将会呈现多条音频轨道。为了确保各类音频在播放时能够层次分明、清晰可辨，我们需要对每条音频轨道的音量进行独立调节。接下来，将详细介绍如何在剪映中单独调节各个音频轨道的音量的方法，帮助你的视频作品在听觉上也达到最佳效果。

01 选中需要调节音量的轨道，此处选择的是背景音乐轨道，并点击界面下方的"音量"按钮，如图3-61所示。

02 拖动"音量"滑块，即可设置所选音频的音量。默认音量为100，此处适当降低背景音乐的音量，将其调整为46，如图3-62所示。

03 选择"音效"轨道，并点击界面下方的"音量"按钮，如图3-63所示。

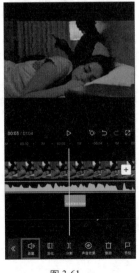 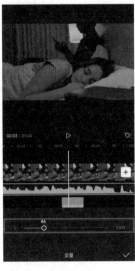 

图 3-61   图 3-62   图 3-63

04 适当增加"音效"的音量，此处将其调节为150，如图3-64所示。通过此方法，即可实现单独调整音轨音量，并让声音具有明显的层次感。需要强调的是，不仅每个音频轨道可以单独调整其音量，如果视频素材本身就有声音，那么在选中视频素材后，同样可以点击界面下方的"音量"按钮来调节音量，如图3-65所示。

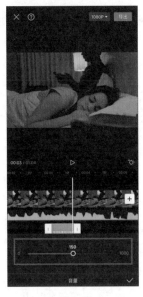

图 3-64

图 3-65

2. 制作"淡入"和"淡出"效果

"音量"的整体调整确实只能使音频声音大小统一提高或降低，无法实现由弱到强或由强到弱的渐变效果。若想要实现音量的平滑过渡，即音量的逐渐增加或逐渐减小，可以通过设置"淡入"和"淡出"效果来实现。这种效果能让音频在开始时从无声逐渐增大到设定的音量，或者在结束时从设定的音量逐渐减小至无声，为视频提供更加自然和舒适的听觉体验。具体的操作步骤如下。

01 选中一段音频，点击界面下方的"淡化"按钮，如图3-66所示。

02 通过拖曳"淡入时长"和"淡出时长"滑块，可以分别调节音量渐变的持续时间，如图3-67所示。

图 3-66

图 3-67

在绝大多数情况下，我们为背景音乐添加"淡入"与"淡出"效果，是为了确保视频在开始和结束时都能有一个自然的过渡。这样的处理方法能让观众在观看视频时，得到更加流畅和舒适的听觉体验，同时也使视频的整体观感更加专业。

提示

除了利用"淡入"和"淡出"效果来营造音量的渐变效果，我们还可以通过在音频轨道上添加关键帧的方式，来实现更加灵活和精细的音量调整。通过添加关键帧，我们可以在音频的不同时间点设置不同的音量值，从而创造出更加丰富和多样的音量变化效果。这种方法为我们提供了更大的创作空间，使音频处理更加符合视频内容和情感表达的需要。

3.2.5 制作音乐卡点视频

音乐卡点视频的画面切换速度往往很快，因此，所选择的素材往往是静态图片，而不是视频。再通过添加转场、特效等，让图片"动"起来。制作音乐卡点视频的具体操作步骤如下。

01 在剪映中导入制作音乐卡点视频的多张图片，并点击界面下方的"音频"按钮，如图3-68所示。

02 点击界面下方的"音乐"按钮，如图3-69所示。

03 在音乐分类中选择"卡点"选项，此类音乐的节奏感往往很强，如图3-70所示。

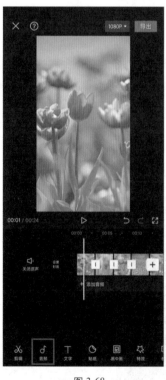
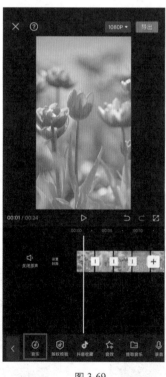

图 3-68 图 3-69 图 3-70

04 确定所选音乐后，点击右侧的"使用"按钮，如图3-71所示。

05 选中添加的视频轨道，点击界面下方的"节拍"按钮，如图3-72所示。

06 打开界面左侧的"自动踩点"开关，选择合适的踩点速度，此时会在音频轨道上出现"节拍点"。其中踩点速度快要比慢显示更多的节点，如图3-73所示。

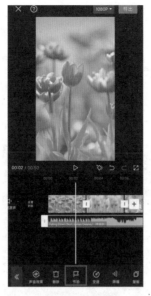

图 3-71　　　　　　　　　图 3-72　　　　　　　　　图 3-73

07　将每段素材的两端与黄色节拍点对齐，如图3-74所示。

08　虽然画面会根据音乐的节奏进行交替，但效果依然比较单调，建议增加转场、特效及动画等。需要注意的是，一些转场效果会让画面出现渐变效果，并且在视频轨道上出现如图3-75所示的斜线效果。此时为了让卡点效果更明显，建议调节轨道长度，使斜线前端与音频的黄色节拍点对齐。至此，一个最基本的音乐卡点视频就制作完成了。

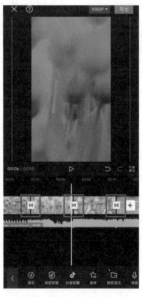

图 3-74　　　　　　　　　　　　　图 3-75

3.2.6　避免出现视频"黑屏"的方法

在制作视频的过程中，有时可能会遇到一个问题，即视频画面已经"结束"，但音乐声仍在继续，同时画面呈现全黑状态。这种情况通常是由于添加背景音乐后，音乐轨道的长度超过了视频轨道，导致音乐在视频结束后仍然播放。为了避免这个问题，我们可以按照以下方法进行处理，确保音乐与视频同步结束，提升整体观感。

01 将时间轴移至视频末尾稍稍靠左侧一点儿的位置，并选中音频轨道，如图3-76所示。

02 点击界面下方的"分割"按钮，选中时间轴右侧的音频（多余的音频轨道），然后点击"删除"按钮，如图3-77所示。

03 删除多余的音频轨道后，视频轨道与音频轨道的长度关系如图3-78所示。注意，每次剪辑视频时，最后都应该让音乐轨道比视频轨道短一点儿，从而避免出现视频最后"黑屏"的情况。

图 3-76   图 3-77   图 3-78

3.3 文字与音乐结合制作电影感视频

剪辑具有电影感氛围的短视频，不仅可以显著提升整个作品的艺术表现力和观赏性，还能有效吸引观众的注意力，打动他们的情感。通过将观众带入视频的故事情境中，可以引发情感共鸣，从而实现视频内容传播效果的最大化。接下来，我们将详细介绍制作具有电影感视频的思路，帮助大家更好地创作出引人入胜的短视频作品。

3.3.1 制作电影开头画面

制作电影开头画面的具体操作步骤如下。

01 导入准备好的视频素材，如图3-79所示。

02 点击界面下方"画中画"中的"新增画中画"按钮，在"素材库"选项中找到纯黑色背景的素材，如图3-80所示。

03　点击界面下方的"添加"按钮，将黑色背景素材添加到画面中，如图3-81所示。

图 3-79

图 3-80

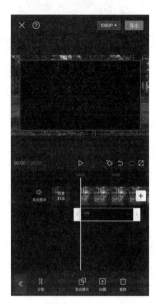
图 3-81

04　将画中画视频素材轨道与原视频素材轨道对齐，使其时长保持一致，如图3-82所示。

05　选中画中画视频素材轨道，点击界面下方的"蒙版"按钮，如图3-83所示。

06　点击"镜面"按钮，添加"镜面"模板，如图3-84所示。

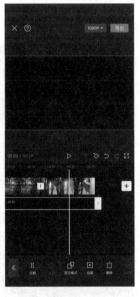
图 3-82

图 3-83

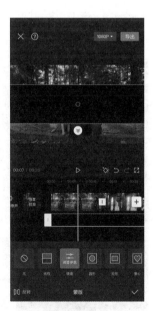
图 3-84

07　点击界面下方的"反转"按钮，调整蒙版方向，"镜面"蒙版调整后的效果如图3-85所示。

08　选中画中画视频素材轨道，将时间轴拉到视频的最左侧，添加关键帧，并调整蒙版的大小，将蒙版宽度变小，如图3-86所示。

09　将时间轴拖至画中画视频素材的4s处，调整蒙版，将蒙版宽度变大，让画面上下两边留有黑边，如图3-87所示。

 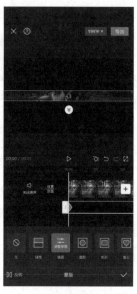 

| 图 3-85 | 图 3-86 | 图 3-87 |

3.3.2 添加电影感滤镜

添加电影感滤镜的具体操作步骤如下。

01 点击界面下方的"滤镜"按钮，如图3-88所示。

02 添加电影感滤镜，选中"复古胶片"中的"冷气机"选项，如图3-89所示。

03 点击界面右下方的"√"按钮，将滤镜添加至画面，效果如图3-90所示。

  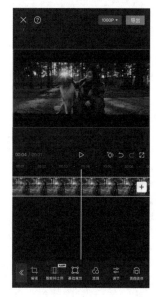

| 图 3-88 | 图 3-89 | 图 3-90 |

3.3.3 制作电影感氛围文字

制作电影感氛围文字的具体操作步骤如下。

01　点击界面下方"文本"中的"新建文本"按钮，输入视频主题名称，调整文字的字体、样式和大小，此处选择了"招牌体"字体，如图3-91所示。

02　选中文字轨道，将时间轴拖至文字轨道的最左边，点击"关键帧"图标，添加关键帧，将文字调整到合适大小，如图3-92所示。

03　将时间轴拖至文字轨道的最右边，双指拖动文字，让文字变大，如图3-93所示。

图 3-91　　　　　　　　　　　图 3-92　　　　　　　　　　　图 3-93

04　接下来为视频内容添加中英文字幕，添加字幕的方式有两种。若视频中没有人物讲话声音，点击界面下方"文本"中的"新建文本"按钮，手动输入字幕，如图3-94所示；若视频中有人物讲话声音，选中视频素材轨道，点击界面下方"文本"中的"识别字幕"按钮，设置"双语"字幕，点击下方的"开始匹配"按钮，即可添加字幕，如图3-95所示。

05　将字幕文字拖至画面下方的黑边内，如图3-96所示。

图 3-94　　　　　　　　　　　图 3-95　　　　　　　　　　　图 3-96

06 手动输入的字幕需要配音，选中输入的字幕文字轨道，点击界面下方"文本"中的"文本朗读"按钮，如图3-97所示。

07 选择合适的朗读音色，此处选择了"心灵鸡汤"的朗读风格，如图3-98所示。

08 选中每段字幕音频，只保留中文朗读部分，将英文朗读部分删除，如图3-99所示。

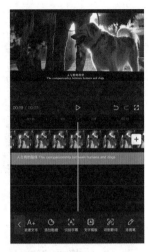  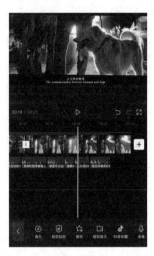

图 3-97　　　　　　　　　　图 3-98　　　　　　　　　　图 3-99

3.3.4　制作电影感片尾

制作电影感片尾的具体操作步骤如下。

01 导入一段视频素材，当作视频结尾画面，如图3-100所示。

02 选中导入的视频素材轨道，将时间轴拉至新导入素材的最左端，点击"关键帧"按钮，添加关键帧，如图3-101所示。

03 将时间轴拖至新导入视频素材的3s处，将视频素材拖至屏幕的左上方，此时自动添加关键帧，如图3-102所示。

 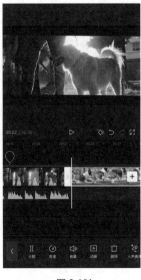 

图 3-100　　　　　　　　　　图 3-101　　　　　　　　　　图 3-102

04 点击界面下方"文本"中的"新建文本"按钮，输入视频制作人员的名字，并调整字间距和行间距，如图3-103所示。

05 选中文字素材轨道，将时间轴放置在文字轨道的最左侧，点击"关键帧"按钮，添加关键帧，将文字拖至画面的最下方（直至画面消失），如图3-104所示。

06 将时间轴拖至文字轨道的最右侧，将文字拖至画面的最上方（直到在画面消失），如图3-105所示。

07 为视频添加合适的背景音乐，完成整个视频的制作。

图 3-103

图 3-104

图 3-105

第 4 章

为视频添加酷炫转场和特效

4.1 为视频添加酷炫转场

4.1.1 认识转场

　　一个完整的视频通常由多个镜头组合而成，而镜头之间的切换则被称为"转场"。一个恰当的转场效果可以使镜头之间的过渡更加流畅、自然，同时不同的转场效果也能传达出不同的视觉语言和情感。此外，某些特定的转场方式还能产生独特的视觉效果，使视频更具吸引力。

　　在专业的视频制作中，转场的设计通常在拍摄阶段就已经开始规划。如果两个画面之间的转场需要借助前期的拍摄技巧来实现，则称为"技巧性转场"；而如果转场仅依靠画面自身的内在或外在联系，无须使用特殊拍摄技巧，则称为"非技巧性转场"。需要注意的是，"技巧性转场"和"非技巧性转场"并无优劣之分，关键在于是否适合具体的场景和需求。在影视剧创作中，大部分转场都属于"非技巧性转场"，即依靠前后画面的逻辑关系进行自然过渡。因此，无论是"技巧性转场"还是"非技巧性转场"，都需要在前期拍摄时奠定良好的基础。

　　然而，对于普通视频制作者来说，在拍摄能力有限的情况下，若想实现一些炫酷的"技巧性转场"，就可以借助剪映等视频编辑软件中的丰富转场效果。在剪映中，用户只需点击两个视频片段的衔接处，即可轻松添加各种转场效果。下面将详细介绍如何使用剪映来添加转场效果的具体操作方法。

4.1.2 使用剪映添加转场的方法

　　如前文所述，添加转场效果的核心在于确保其与画面内容的契合度，这样才能实现两个视频片段之间的自然衔接。接下来，我们将详细介绍添加转场的具体操作方法，以帮助你更好地完成视频编辑工作。

01　将多段视频导入剪映后，点击每段视频之间的"|"图标，即可进入转场编辑界面，如图4-1所示。

02　由于第一段视频的运镜方式为"拉镜头"，为了让衔接更自然，所以选择一个同样为"拉镜头"的转场效果。选择"运镜"选项卡，然后选择"拉远"转场效果。

03　通过调整界面下方的"转场时长"滑块，可以设定转场的持续时间。并且每次更改设定时，转场效果都会自动在界面上方显示。

04　转场效果和时间都设定完成后，点击右下角的"√"按钮即可；若点击左下角的"全局应用"按钮，即可将该转场效果应用到所有视频的衔接部分，如图4-2所示。

05　由于第二段视频为近景，第三段视频为特写，所以在视觉感受上，是一种由远及近的递进规律，因此更适合选择"推镜头"这种运镜转场方式。在"运镜转场"选项卡中选择"推近"转场效果，并适当调整转场时长，如图4-3所示。

图 4-1　　　　　　　　　图 4-2　　　　　　　　　图 4-3

4.1.3　制作"百叶窗"式酷炫转场视频

1. 制作第一照片的切割效果

制作第一照片的切割效果的具体操作步骤如下。

01　导入一张图片素材，出现3s的视频画面，如图4-4所示。

02　选中视频轨道，点击界面下方"蒙版"中的"矩形"按钮，如图4-5所示。

03　调整矩形蒙版的大小和位置，将其移至画面的最左边，并且占整个画面的1/6，如图4-6所示。

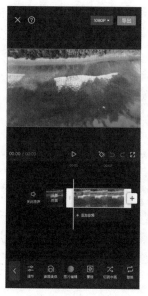
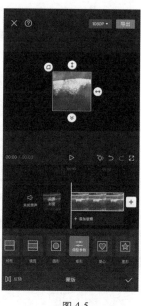
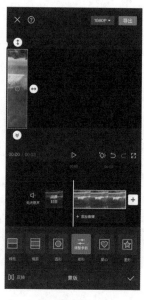

图 4-4　　　　　　　　　图 4-5　　　　　　　　　图 4-6

04　选中视频素材，点击界面下方的"动画"按钮，为视频添加动画效果，如图4-7所示。

05　选中"组合动画"中的"向左下降"选项，如图4-8所示。

06 选中视频素材，点击界面下方的"复制"按钮，复制该视频，如图4-9所示。

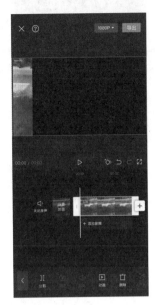 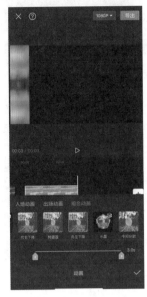 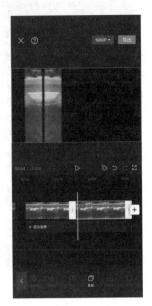

图 4-7　　　　　　　　图 4-8　　　　　　　　图 4-9

07 选中复制的素材，点击"切画中画"按钮，如图4-10所示。

08 选中画中画视频轨道，点击界面下方的"蒙版"按钮，将其蒙版拉至靠近右侧画面的位置，两部分画面之间要留点儿空隙，如图4-11所示。

09 将画中画视频缩短0.3s，如图4-12所示。

10 采用同样的方法分别制作出照片其余的部分，要注意画中画中的每段视频都要比上一个视频短0.3s，6段视频（加上原视频）从上往下依次为3s、2.7s、2.4s、2.1s、1.8s、1.5s，如图4-13所示。

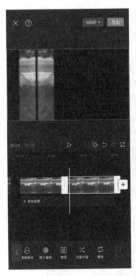 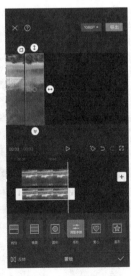 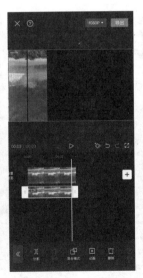 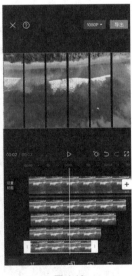

图 4-10　　　　　图 4-11　　　　　图 4-12　　　　　图 4-13

2. 为画面添加滤镜

为画面添加滤镜的具体操作步骤如下。

01 选中原视频轨道，点击界面下方的"滤镜"按钮，为画面添加合适的滤镜，如图4-14所示。

02　选中画中画视频轨道，依次为5个画中画添加不同的滤镜效果，如图4-15所示。

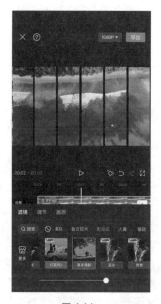

图 4-14

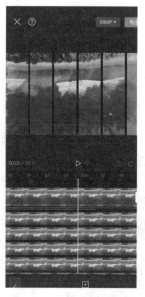

图 4-15

3. 添加新的照片素材

添加新的照片素材的具体操作步骤如下。

01　选中第一张照片的原视频轨道，点击界面下方的"复制"按钮，复制该视频画面，并将其缩短至2.5s，如图4-16所示。

02　采用同样的方法依次复制画中画视频，并将复制的视频统一设置为2.5s，如图4-17所示。

03　选中复制的视频轨道，点击界面下方的"替换"按钮，将其替换成要导入的第二张照片素材，采用同样的方法依次将复制的视频进行替换，每张照片要确保相同的比例，如图4-18所示。

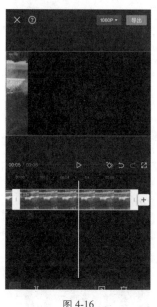

图 4-16

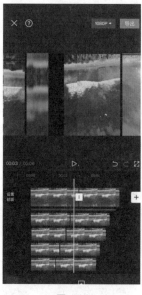

图 4-17

图 4-18

04　选择第二张照片的素材轨道，点击界面下方的"动画"按钮，把第二张照片的所有视频素材动画更换成"组合动画"的"下降向左"效果，如图4-19所示。此时第二张照片的效果已经制作完成。

05　按照以上方法，继续添加照片素材并进行替换。需要注意的是，第三张照片的视频动画效果要更改成"向左下降"，第四张照片的动画效果改为"下降向左"……两种动画依次交叉进行，此处导入的照片素材如图4-20和图4-21所示。

图 4-19

图 4-20　　　　图 4-21

4. 为转场添加酷炫音效及音乐

为转场添加酷炫音效及音乐的具体操作步骤如下。

01　将时间线对准每个画面上翻的位置，点击界面下方的"音效"按钮，如图4-22所示。

02　在音效搜索框中输入"UI界面滑动音效"并搜索，如图4-23所示。

03　点击"使用"按钮，将其添加至视频中，如图4-24所示。

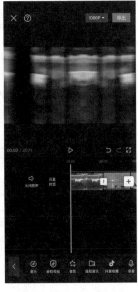
图 4-22

图 4-23

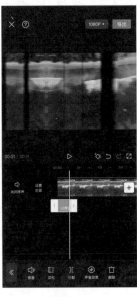
图 4-24

04　复制音效，将其对应至每个上翻画面的位置，进行音效卡点，如图4-25所示。

05　把时间轴对准每个画面下降的位置，点击界面下方的"音效"按钮，在搜索框内搜索"枪上"音效效果，如图4-26所示。

06　同样，复制"枪上膛"音效，将其对应至每个下降画面的位置，如图4-27所示。

07　为视频添加合适的背景音乐，一个完整的酷炫转场视频就制作完成了。

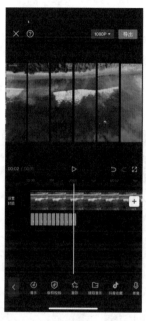
图 4-25

图 4-26

图 4-27

4.1.4　特效对于视频的意义

剪映中提供了丰富多样的特效，虽然很多初学者常利用特效来增添视频的炫酷感，但这只是特效的冰山一角。特效在视频制作中扮演着更为重要的角色，它能够为视频带来无限的可能性。下面介绍特效在视频制作中的几个主要作用。

1. 突出画面重点

在视频中，往往有一些关键画面需要特别突出，如运动视频中的精彩动作，或者产品展示视频中的核心产品画面。通过为这些特定画面添加特效，可以使其在视觉效果上与其他部分产生鲜明对比，从而有效突出视频的重点内容。

2. 营造画面氛围

对于需要传达特定情绪的视频来说，与情绪相契合的画面氛围至关重要。然而，在拍摄过程中，可能受到各种条件的限制，无法完美地营造出所需的氛围。这时，后期添加特效就成了一种有效的解决方案。通过特效的巧妙运用，可以轻松地营造出与视频情绪相匹配的氛围，使观众更深入地感受到视频所传达的情感。

3. 强调画面节奏感

在视频剪辑中，使画面形成良好的节奏感是至关重要的。一些短促且具有冲击力的特效能够让画面的节奏感更加鲜明。此外，利用特效来突出节奏感，还能为画面变化增添更多的观赏性，使视频更加引人入胜。

4.1.5 使用剪映添加特效

使用剪映添加特效的具体操作步骤如下。

01 点击界面下方的"特效"按钮，如图4-28所示。

02 根据不同的效果，剪映将特效分成不同类别，选中一种类别，即可从中选择希望使用的特效。选择某种特效后，预览界面则会自动播放添加此特效的效果。此处选择"画面特效"中"基础"分类下的"开幕"特效，如图4-29所示。

03 此时，在编辑界面下方出现"开幕"特效的轨道。长按该轨道，即可调节其位置；选中该轨道，拉动左侧或右侧的白边，即可调节特效作用的范围，如图4-30所示。

04 如果需要继续增加其他特效，在不选中任何特效的情况下，点击界面下方的"画面特效"按钮即可，如图4-31所示。

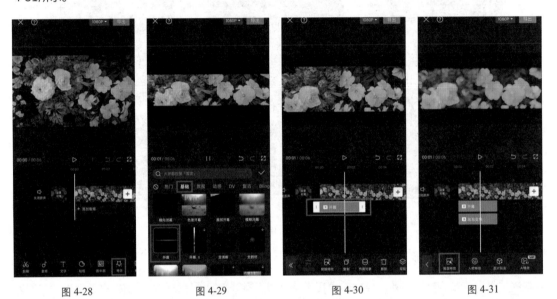

图 4-28　　　　图 4-29　　　　图 4-30　　　　图 4-31

提示

添加特效后，若切换到其他轨道进行编辑操作，特效轨道将会被暂时隐藏。若需再次对特效进行编辑或调整，只需点击界面下方的"特效"按钮，即可重新显示并编辑特效轨道。

4.1.6 利用特效制作"水珠波纹"相册效果

利用特效制作"水珠波纹"相册效果的具体操作步骤如下。

01 导入一张照片素材，如图4-32所示。

02 选中照片素材轨道，将其缩小后，拖至屏幕的左上方，并调整照片的显示时长，如图4-33所示。

03 点击界面下方的"画中画"按钮，导入第二张照片素材，并调整其大小和位置，如图4-34所示。

04 按照上述方法依次将照片素材导入，并调整好每张照片的位置和大小。

05 选中照片素材轨道，点击界面下方的"层级"按钮，根据个人需求调整每张照片的层级，如图4-35所示。

图 4-32

图 4-33

图 4-34

06 选中主画面轨道，点击界面下方"背景"中的"画布模糊"按钮，如图4-36所示。

07 添加第4个模糊效果，并点击左下角的"全局应用"按钮，如图4-37所示。

图 4-35

图 4-36

图 4-37

08 点击界面下方的"特效"按钮，在"边框"选项卡中选择"粉黄渐变"特效效果，如图4-38所示。

09 将特效轨道时长与图片素材时长对齐，如图4-39所示。

10　再次添加"粉黄渐变"特效，选中添加的特效轨道，点击界面下方的"作用对象"按钮，将其应用到画中画照片素材中，如图4-40所示。

图 4-38　　　　　　　　　图 4-39　　　　　　　　　图 4-40

11　按照上述方法依次为画中画照片素材添加"粉黄渐变"特效，如图4-41所示。

12　选中主画面轨道，将时间轴拖至最左边并添加关键帧，将画面拉满屏幕，如图4-42所示。

13　在画面的大约0.5s处再添加一个关键帧，如图4-43所示。

图 4-41　　　　　　　　　图 4-42　　　　　　　　　图 4-43

14　选中画中画照片素材轨道，在画面的大约1s处创建关键帧，拖动第二张图片素材并放至最大，如图4-44所示。

15　按照上述方法，为所有的图片素材都创建关键帧并放大，如图4-45所示。

16　点击界面下方的"特效"按钮，选择"自然"中的"雨滴晕开"效果，如图4-46所示。

17　为视频添加合适的背景音乐，完成整个视频的制作。

图 4-44　　　　　　　　　　图 4-45　　　　　　　　　　图 4-46

4.1.7　用特效突出视频节奏——花卉拍照音乐卡点视频

一些短暂且具有爆发力的特效，当与音乐的节拍相结合时，能够显著增强视频的节奏感。以"花卉拍照音乐卡点视频"为例，其中便巧妙地运用了一种特效来突出和强化"卡点"效果，使视频更具观赏性和吸引力。

步骤一：添加图片素材并调整画面比例

将图片素材添加到视频轨道后，为确保其在抖音或快手等平台上以竖屏形式完美呈现，需要将画面比例设置为 9:16，具体的操作步骤如下。

01　选择准备好的图片素材，并点击界面右下角的"添加"按钮，如图4-47所示。

02　点击界面下方的"比例"按钮，并选中9:16选项，如图4-48所示。

03　依次点击界面下方的"背景"和"画布模糊"按钮，并选择一种模糊样式，如图4-49所示。此步可以让画面中的黑色区域消失，起到美化画面的目的。

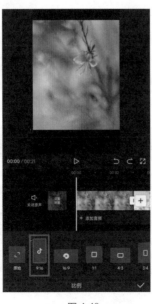

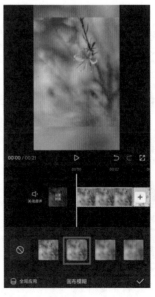

图 4-47　　　　　　　　　　图 4-48　　　　　　　　　　图 4-49

步骤二：实现"音乐卡点"效果

"音乐卡点"是指将图片的变换时间点与音乐的节拍处精准对齐，以达到视听上的和谐与节奏感。为实现这一目标，我们需要先标出音乐的节拍，然后确保上一张图片的结尾和下一张图片的开头都与这些节拍点相吻合。具体的操作步骤如下。

01 点击界面下方的"音乐"按钮，添加具有一定节奏感的背景音乐，如图4-50所示。本例中添加的背景音乐是"清新"分类下的"夏野与暗恋"。

02 选中音乐轨道，点击界面下方的"节拍"按钮，如图4-51所示。

03 开启"自动踩点"开关，即可自定义踩节拍速度。其中"慢"的节拍点密度较小，适合节奏稍缓的卡点视频；"快"的节拍点密度较大，适合快节奏卡点视频。针对本例的预期效果，此处选择"稍慢"，如图4-52所示。

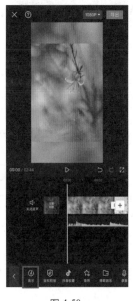 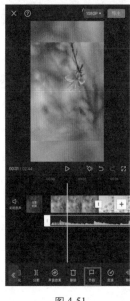 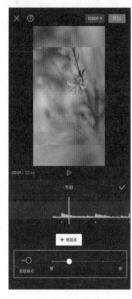

图 4-50　　　　　　　　　　图 4-51　　　　　　　　　　图 4-52

04 从第一张照片开始，选中其所在视频轨道后，拖动末尾白框靠近第一个节拍点。此时剪映会有吸附效果，从而准确地将片段末尾与节拍点对齐，如图4-53所示。

05 第二张图片的开头会自动紧接第一张图片的末尾，所以不需要手动调整其位置，如图4-54所示。

06 接下来只需将每一张图片的末尾与节拍点对齐即可，实现每两个节拍点之间一张图片的效果。至此，一个最基本的音乐卡点效果就制作完成了，如图4-55所示。

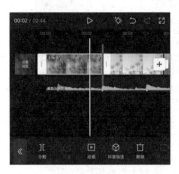 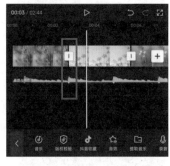 

图 4-53　　　　　　　　　　图 4-54　　　　　　　　　　图 4-55

步骤三：添加音效和特效突出节拍点

如果仅是在音乐的节拍点处进行图片的简单切换，视频可能缺乏吸引力和视觉冲击力。为了提升节拍处图片变换的效果，并增强整体的节奏感，可以借助音效和特效进行更深入的处理。具体的操作步骤如下。

01 依次点击界面下方的"音频"和"音效"按钮，为视频添加"机械"分类下的"拍照声3"音效，如图4-56所示。

02 仔细调整音效的位置，使其与图片转换的时间点完美契合。即拍照音效一响起，就变换成下一张照片，音效的最终位置如图4-57所示。

03 选中添加后的音效，点击界面下方的"复制"按钮，并将其移至下一个节拍点处，仔细调节位置，如图4-58所示。重复此步骤，在每一个节拍点处添加该音效，形成"拍照转场"效果。

图 4-56

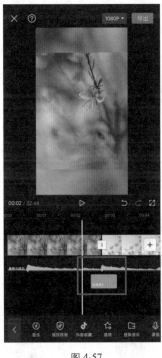
图 4-57

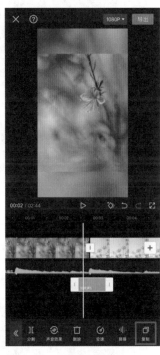
图 4-58

04 点击界面下方的"特效"按钮，添加"氛围"分类下的"星火炸开"特效，如图4-59所示。该特效的爆发力比较强，并且有点儿像闪光灯效果，与"拍照音效"相配合，在使拍照转场效果更逼真的同时，营造更强的节奏感，使卡点效果更突出。

05 调节"星火炸开"特效的位置，使其与其中一段图片素材对齐，如图4-60所示。

06 复制该特效并调整位置，如图4-61所示。重复该操作，使每一段图片素材都对应一段"星火炸开"特效。

> **提示**
>
> 由于大多数音效在开头都包含一段短暂的静音区域，因此，单纯将音效开头与节拍点对齐可能无法实现声音与图片转换的完美同步。为了获得更完美的匹配效果，通常需要将音效稍微向左（向节拍点之前）移动。此外，音效也是可以进行编辑和分割的，这样可以根据实际需求去除不需要的部分，从而使声音与画面更加和谐统一。

图 4-59   图 4-60   图 4-61

步骤四：添加动画和贴纸润色视频

接下来通过添加贴纸，并为每一个视频片段设置动画，让视频更具动感，具体的操作步骤如下。

01 选中视频轨道中的第一个片段，点击界面下方的"动画"按钮，为其添加"放大"动画，并将时长拉到最右侧，如图4-62所示。该操作是为了让视频的开头不显得那么生硬，形成一定的过渡。

02 为之后的每一个片段添加能够让节奏更紧凑的动画，如"轻微抖动""轻微抖动Ⅱ"等，并且控制动画时长不超过0.5s，从而让视频更具动感，如图4-63所示。

03 点击界面下方的"贴纸"按钮，搜索"相机"并添加一种相机贴纸。点击"文字"按钮，输入一段文字以丰富画面。本例中输入的为"定格美好时光"，字体为"荔枝体"，并选择白色描边样式，如图4-64所示。

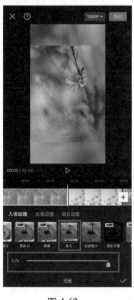

图 4-62   图 4-63   图 4-64

04 选中文字，点击界面下方的"样式"按钮，为文字添加"循环动画"中的"晃动"样式，并调整速度为1s

（文字放大的速度感觉适度即可，不用拘泥于具体数值），如图4-65所示。

05 点击界面下方的"贴纸"按钮，继续添加两种贴纸。分别搜索yeah和hello，选择如图4-66所示的贴纸。

06 贴纸的最终位置如图4-67所示，并将贴纸和文字轨道与视频轨道对齐，使其始终出现在画面中。

提示

由于第一张图片的显示时间较长，此处选择将其手动分割为两个部分，并为这两个部分分别按照"步骤三"中的方法添加了音效和特效。这样的处理使视频在开头部分也能展现出较快的节奏。至于"步骤四"中的01步，实际上是为分割出的开头片段添加动画效果，以增强其视觉吸引力。考虑到后期编辑的完整性，这里并没有特别展开说明。这样的处理方式有助于提升视频的整体观感和吸引力。

图 4-65

图 4-66

图 4-67

步骤五：对音频轨道进行最后处理

对音频轨道进行最后的处理，其实就是整段视频后期处理的收尾工作，具体的操作步骤如下。

01 选中音频轨道，拖动其最右侧的白框，使其与视频轨道的最末端对齐，从而防止出现画面黑屏、只有音乐的情况，如图4-68所示。

02 点击界面下方的"淡化"按钮，设置淡入及淡出的时长，让视频开头与结尾具有自然过渡，如图4-69所示。

图 4-68

图 4-69

4.1.8　用特效让视频风格更突出——玩转贴纸打造精彩视频

虽然本例主要利用贴纸来实现效果，但特效也发挥了不可或缺的作用。特别是根据贴纸的特性精心挑选的特效，它们使视频的风格更加鲜明且统一，为观众带来了独特的视觉体验。

步骤一：确定背景音乐并标注节拍点

既然视频的内容需要根据歌词的变化而变化，那么首先需要确定所使用的背景音乐。具体的操作步骤如下。

01　导入一张图片素材，依次点击界面下方的"音频"和"音乐"按钮，并搜索"星球坠落"音效，点击"使用"按钮，将其添加至音频轨道，如图4-70所示。

02　试听背景音乐，确定需要使用的部分，将不需要的部分进行分割并删除。然后选中音频轨道，点击界面下方的"踩点"按钮，在每句歌词的第一个字出现时，手动添加节拍点，如图4-71所示。该节拍点即为后续添加贴纸和特效时，确定其出现时间点的依据。

03　选中图片素材，按住右侧白框向右拖动，使其时长略长于音频轨道，如图4-72所示。这样处理是为了保证视频播放到最后时不会出现黑屏的情况。

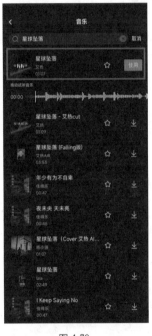  

图 4-70　　　　　图 4-71　　　　　图 4-72

提示

在手动添加节拍点时，若遇到个别节拍点位置不准确的情况，可以将时间轴移至该节拍点处。此时，节拍点会放大显示，并且原本的"添加点"按钮会自动切换为"删除点"按钮。只需点击该按钮，即可轻松删除不准确的节拍点，并重新进行添加，如图4-73所示。

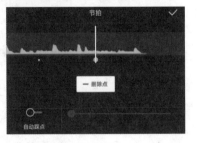

图 4-73

步骤二：添加与歌词相匹配的贴纸

为了实现歌词中唱到的景物与画面中出现的贴纸相匹配的效果，需要找到与歌词内容相对应的贴纸，并确保其出现和结束的时间点与已标注的节拍点相吻合。接下来，将通过添加动画效果来进一步提升视频的观赏性。具体的操作步骤如下。

01 点击界面下方的"比例"按钮，调节为9:16。然后点击"背景"按钮并设置"画布模糊"效果，如图4-74所示。

02 点击界面下方的"贴纸"按钮，根据歌词"摘下星星给你"，搜索"星星"贴纸，并选择如图4-75所示的星星贴纸（也可根据个人喜好进行添加）。

03 调整星星贴纸的大小和位置，并选中星星贴纸轨道，将其开头与视频开头对齐，将其结尾与标注的第一个节拍点对齐，如图4-76所示。

图 4-74

图 4-75

图 4-76

04 选中星星贴纸，点击界面下方的"动画"按钮。在"入场动画"中为其选择"轻微放大"动画；在出场动画中为其选择"向下滑动"动画。然后适当增加入场动画和出场动画时长，使贴纸在大部分时间都是动态的，如图4-77所示。

05 根据下一句歌词"摘下月亮给你"添加"月亮"贴纸，搜索"月亮"贴纸，并选择如图4-78所示的月亮贴纸（也可根据个人喜好进行添加），并调节其大小和位置。

06 选中月亮贴纸轨道，使其紧挨星星贴纸轨道，并将结尾与第二个节拍点对齐，如图4-79所示。

07 选中月亮贴纸轨道，点击界面下方的"动画"按钮，将"入场动画"设置为"向左滑动"，其余设置与"星星"贴纸动画相同，如图4-80所示。

08 按照添加星星贴纸与月亮贴纸相同的方法，继续添加太阳贴纸，并确定其在贴纸轨道中所处的位置。由于操作方法与星星贴纸和月亮贴纸的操作几乎完全相同，所以此处不再赘述。添加太阳贴纸之后的界面效果如图4-81所示。

图 4-77 　　　　　　　　　　 图 4-78 　　　　　　　　　　 图 4-79

09 由于歌词的最后一句是"你想要我都给你"，因此将之前的星星贴纸、月亮贴纸和太阳贴纸各复制一份，以并列3条轨道的方式，与最后一句歌词的节拍点对齐，并分别为其添加入场动画，确定贴纸显示的位置和大小，如图4-82所示。

图 4-80 　　　　　　　　　　 图 4-81 　　　　　　　　　　 图 4-82

步骤三：根据画面风格添加合适的特效

　　为了让画面中的"星星""月亮""太阳"等元素更加引人注目，我们需要精心挑选适合的特效来增强它们的视觉效果。具体的操作步骤如下。

01 点击界面下方的"特效"按钮，继续点击"画面特效"按钮，添加Bling分类中的"撒星星"特效，如图4-83所示。随后将该特效的开头与视频开头对齐，将结尾与第一个节拍点对齐，从而突出画面中的星星。

02 点击"画面特效"按钮，添加Bling分类中的"细闪"特效，如图4-84所示。添加该特效以突出月亮的白色光芒，将该特效开头与"撒星星"特效结尾相连，将该特效结尾与第二个节拍点对齐。

03 点击"画面特效"按钮，添加"光"分类中的"彩虹光晕"特效，如图4-85所示，该特效可以表现灿烂的阳光。将开头与"闪闪"特效结尾相连，将结尾与第三个节拍点对齐。

04 点击"画面特效"按钮，添加"爱心"中的"怦然心动"特效，如图4-86所示，该特效可以表达出对人物的爱。将开头与上一个特效结尾相连，将末尾与视频结尾对齐。

图 4-83

图 4-84

图 4-85

图 4-86

05 由于画面的内容是根据歌词进行设计的，所以在这里还为其添加了动态歌词。字体选择"童趣体"，如图4-87所示，将"入场动画"设置为"收拢"，将动画时长拉到最右侧，如图4-88所示。文字轨道的位置与对应歌词出现的节点一致即可，如图4-89所示。

图 4-87

图 4-88

图 4-89

4.2　真人不露脸视频的后期编辑思路

对于部分自媒体工作者而言，制作口播视频是一项日常工作。然而，有些人可能不愿真人出镜，或者不希望使用自己的声音。在这种情况下，他们可能会感到困惑。本节将针对这类问题，详细介绍如何利用特效技术既保护隐私，又能制作出高质量的口播视频，无须真人露脸或使用原声。具体的操作步骤如下。

01 导入一段真人出镜的口播类视频素材，如图4-90所示。

02 点击界面下方"特效"中的"人物特效"按钮，如图4-91所示。

03 选择"形象"选项卡中的"潮酷男孩"特效效果,如图4-92所示。

图 4-90   图 4-91   图 4-92

04 根据人物整体效果调整具体参数,如图4-93所示。

05 选中视频素材画面,点击界面下方的"声音效果"按钮,如图4-94所示。

06 点击"音色"按钮,选择合适的音色来替换视频的原声,此处选择了"台湾小哥"的音色,如图4-95所示。
至此,一条不露脸、不用真声的视频就制作完成了。

图 4-93   图 4-94   图 4-95

第 5 章

用剪映润色视频画面

5.1 利用"调节"功能调整画面

5.1.1 "调节"功能的作用

    "调节"功能在视频编辑中扮演着重要角色，它主要有两个作用：一是调整画面的亮度，二是调整画面的色彩。在调整画面亮度的过程中，我们不仅可以整体调节明暗程度，还能单独针对画面中的亮部（如图 5-1 所示）和暗部（如图 5-2 所示）进行细致调整。这样的调整能够使视频的影调更加细腻，为观众带来更具质感的视觉体验。

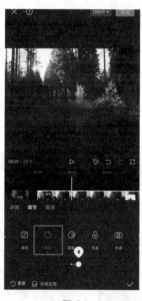
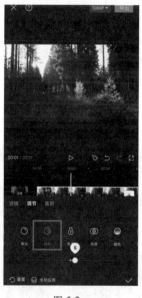

图 5-1   图 5-2

    色彩在视觉表达中承载着丰富的情感，因此，通过"调节"功能来改变色彩，视频制作者能够巧妙地传达自己的主观思想和情感倾向。这种色彩调整不仅影响画面的整体氛围，还能深刻触动观众的情感共鸣。

5.1.2 利用"调节"功能制作小清新风格视频

    利用"调节"功能制作小清新风格视频的具体操作步骤如下。

`01` 将视频素材导入剪映后，向右滑动界面下方的工具栏，在最右侧可找到"调节"按钮，如图5-3所示。

`02` 首先利用"调节"工具调整画面亮度，使其更接近小清新风格。点击"亮度"按钮，适当增大参数值，让画面显得更具阳光感，如图5-4所示。

`03` 点击"高光"按钮，并适当增大参数值。因为在提高亮度后，画面中较亮的白色花朵表面细节有所减少，通过增大"高光"值，恢复白色花朵的部分细节，如图5-5所示。

图 5-3　　　　　　　　　　图 5-4　　　　　　　　　　图 5-5

04　为了让画面显得更清新，需要让阴影区域不显得那么暗。点击"阴影"按钮，增大该参数值，可以看到画面变得更加柔和了。至此，小清新风格照片的影调就确定了，如图5-6所示。

05　对画面色彩进行调整。小清新风格画面的色彩饱和度往往偏低，需要点击"饱和度"按钮，适当减小该参数值，如图5-7所示。

06　点击"色温"按钮，适当减小该参数值，让色调偏蓝一点儿。因为冷调的画面可以传达出一种清新的视觉感受，如图5-8所示。

图 5-6　　　　　　　　　　图 5-7　　　　　　　　　　图 5-8

07　点击"色调"按钮，并向右拖动滑块，为画面增添一些绿色。因为绿色代表着自然，与小清新风格照片的视觉感受相一致，如图5-9所示。

08　通过增大"褪色"值，营造空气感。至此，画面就具有了强烈的小清新风格的既视感，如图5-10所示。

图 5-9　　　　　　　　　　　　图 5-10

提示

　　请注意，目前小清新风格的视频还未完全制作完成。前文已多次提及，仅当"效果"轨道覆盖到特定范围时，相应的效果才会在视频中呈现出来。在图5-11中，紫色的轨道即是通过"调节"功能所实现的小清新风格画面。当播放时间线位于紫色轨道覆盖的区域内时，画面将展现出小清新色调；而当时间轴移至紫色轨道未覆盖的视频部分时，画面将恢复为原始色调，如图5-12所示。

　　因此，在完成视频编辑后，务必确保"效果"轨道覆盖住希望添加效果的时间段。在本例中，为了让整个视频都呈现小清新色调，需要将紫色轨道拉长至覆盖整个视频长度，如图5-13所示。这样，无论时间线位于何处，观众都能感受到一种小清新风格。

图 5-11　　　　　　　　　图 5-12　　　　　　　　　图 5-13

5.2 利用"滤镜"功能实现色彩反差

与需要仔细调整多个参数才能获得预期效果的"调节"功能相比，"滤镜"功能能够一键调出唯美的色调，极大简化了视频后期的调色流程。接下来，将详细介绍如何使用"滤镜"功能来快速调出理想的色调的操作步骤。

01 导入一段视频素材，如图5-14所示。

02 选中视频素材轨道，点击界面下方的"复制"按钮，复制视频素材，如图5-15所示。

03 选中复制的视频素材轨道，点击界面下方的"切画中画"按钮，将复制的视频素材切至画中画轨道中，并与主画面轨道对齐，如图5-16所示。

图 5-14

图 5-15

图 5-16

04 选中主画面视频轨道，点击界面下方的"滤镜"按钮，选择"黑白"选项卡中的"赫本"滤镜效果，并根据画面调整滤镜参数，如图5-17所示。

05 选中画中画视频轨道，将时间轴移至0.5s~1s处，添加关键帧，如图5-18所示。

06 点击界面下方的"蒙版"按钮，添加"圆形"蒙版，如图5-19所示。

图 5-17

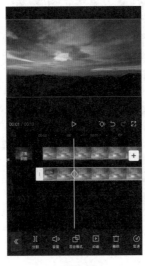
图 5-18

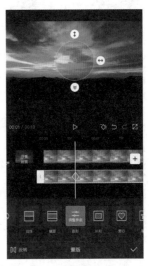
图 5-19

07　设置圆形蒙版的参数，将"羽化"值设置为30左右，如图5-20所示。

08　将添加的圆形蒙版缩至最小，如图5-21所示。

09　将时间轴拖至画中画视频的10s左右位置，点击界面下方的"蒙版"按钮，同样设置"羽化"值为30左右，并将圆形蒙版拉至屏幕外，如图5-22所示。

10　为视频添加合适的背景音乐，完成整个视频的制作。

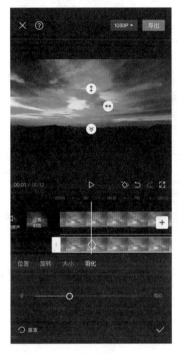
图 5-20

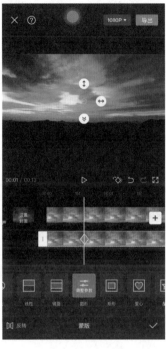
图 5-21

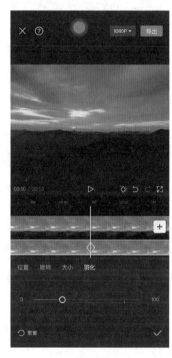
图 5-22

5.3　利用"动画"功能让视频更酷炫

　　许多人在使用剪映时，容易将"特效""转场"与"动画"混为一谈。尽管这三者都能增强画面的动态感，但它们的功能和用途是有所区别的。动画功能既无法像特效那样改变画面的内容，也无法像转场那样连接两个视频片段。它的主要作用是为所选的视频片段添加出现和消失时的动态效果。因此，在一些采用非技巧性转场衔接的片段中，适当地加入"动画"效果，往往可以使视频更加生动有趣。具体的操作步骤如下。

01　选中需要添加"动画"效果的视频片段，点击界面下方的"动画"按钮，如图5-23所示。

02　根据需要为该视频片段添加"入场动画""出场动画"及"组合动画"。因为此处希望配合相机快门声实现"拍照"效果，所以为其添加"入场动画"，如图5-24所示。

03　选择界面下方的各选项，即可为所选片段添加动画，并进行预览。因为相机拍照声很清脆，所以此处选择同样比较干净利落的"轻微抖动Ⅱ"效果。通过拖动"动画时长"滑块还可以调整动画的作用时间，这里将其设置为0.3s，同样是为了让画面干净利落，如图5-25所示。

图 5-23   图 5-24   图 5-25

5.4 通过润色画面实现四季效果

　　本节将详细阐述如何巧妙运用"调节""滤镜"和"动画"等各项功能，以实现对画面的精细润色，从而提升视频的整体观感和质感。

5.4.1 使用"滤镜"和"调节"功能呈现四季画面

　　使用"滤镜"和"调节"功能呈现四季画面的具体操作步骤如下。

01 导入一段视频素材，点击界面下方的"分割"按钮，将其平均分成4段视频，如图5-26所示。

02 点击界面下方"特效"中的"画面特效"按钮，选择"自然"选项卡中的"晴天光线"特效效果，将特效对应第一段视频，如图5-27所示。

03 选中第二段视频素材，点击界面下方的"调节"按钮，对画面进行调节，如图5-28所示。以下给出的调节值只作为参考，实际调节根据视频素材的具体情况而定。

图 5-26　　　　　　　　　　图 5-27　　　　　　　　　　图 5-28

04　点击"对比度"按钮，将"对比度"值设置为19左右，如图5-29所示。

05　点击"饱和度"按钮，将"饱和度"值设置为20左右，如图5-30所示。

06　点击"色温"按钮，将"色温"值设置为16左右，如图5-31所示。

图 5-29　　　　　　　　　　图 5-30　　　　　　　　　　图 5-31

07　点击界面下方的"特效"中的"画面特效"按钮，选择"自然"选项卡中的"下雨"特效效果，如图5-32
　　所示。

08　将下雨特效对应第二段视频，如图5-33所示。

09　选中第三段视频素材，点击界面下方的"调节"按钮，对画面进行调节，点击"色温"按钮，将"色温"值
　　设置为35左右，如图5-34所示。

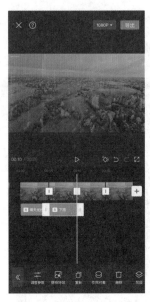

图 5-32	图 5-33	图 5-34

10 点击"色调"按钮，将"色调"值设置为40左右，如图5-35所示。

11 点击"饱和度"按钮，将"饱和度"值设置为–20左右，如图5-36所示。

12 点击界面下方"特效"中的"画面特效"按钮，选择"自然"选项卡中的"落叶"特效效果，并将"落叶"特效对应第三段视频，如图5-37所示。

图 5-35	图 5-36	图 5-37

13 选中第四段视频素材，点击界面下方的"滤镜"按钮，选择"黑白"选项卡中的"默片"滤镜，如图5-38所示。

14 选中第四段视频素材，点击界面下方的"调节"按钮，对画面进行调节，点击"饱和度"按钮，将"饱和度"值设置为13左右，如图5-39所示。

15 点击界面下方的"特效"中的"画面特效"按钮，选择"自然"选项卡中的"初雪"特效，并将"初雪"对准第四段视频素材，如图5-40所示。

图 5-38　　　　　　　　　　　图 5-39　　　　　　　　　　　图 5-40

5.4.2　添加音乐、音效使四季效果更明显

添加音乐、音效使四季效果更明显的具体操作步骤如下。

01 点击界面下方"音频"中的"音乐"按钮，为视频添加音乐，此处添加了"春夏秋冬"的背景音乐，如图 5-41所示。

02 点击界面下方的"音效"按钮，在搜索框中搜索"鸟叫"相关音效，如图5-42所示。

03 将"鸟叫"音效对应第一段视频素材，如图5-43所示。

04 按照上述方法，依次将"下雨打雷声"音效添加到第二段视频素材，"风吹树叶"音效添加到第三段视频素材，"寒风呼啸"特效添加到第四段视频素材，如图5-44所示。

图 5-41　　　　　　　图 5-42　　　　　　　　图 5-43　　　　　　　图 5-44

5.4.3 添加转场效果

添加转场效果的具体操作步骤如下。

01 点击视频素材的"分割轴"图标，添加"泛白"转场效果，如图5-45所示。

02 点击界面左下方的"应用到全局"图标，并设置转场时长为0.1s，如图5-46所示。

图 5-45　　　　　　　　　　图 5-46

5.5　利用"美颜美体"功能让人物更美观

5.5.1　"美颜美体"功能的作用

"美颜美体"功能为用户提供了更为丰富的人物修饰选项，旨在使视频画面中的人物形象更加美观动人。其中，"美颜"功能专注于面部修饰，能够对面部的细节和轮廓进行精细调整，进而打造出更加精致的面容。而"美体"功能则侧重于人物体态的优化，通过拉长腿部线条、瘦身瘦腿等手段，使人物身材更显完美，呈现出理想的身形比例。这两项功能共同作用，可以让人物在视频中展现出最佳状态。

5.5.2　利用"美颜"功能让人物面部更精致

利用"美颜"功能让人物面部更精致的具体操作步骤如下。

01 导入一段带有人物的视频素材，选中素材视频轨道，点击界面下方的"美颜美体"按钮，如图5-47所示。

02 点击"美颜美体"下的"美颜"按钮，剪映自动将画面中的人物面部放大，如图5-48所示。

03 将"美颜"分类下的"磨皮""美白"效果的数值调整到50，将"美型"分类下的"瘦脸"效果数值调整到40，"瘦鼻"效果数值调整到20，如图5-49所示。

04 调整完成后，想对比调整前的模样可以点击■按钮，画面就会显示调整前的效果，如图5-50所示。

图 5-47

图 5-48

图 5-49

图 5-50

5.6　进阶的剪映调色功能

5.6.1　HSL功能的作用

　　HSL 功能在视频编辑中起着调整色彩的关键作用。HSL 代表色相（Hue）、饱和度（Saturation）和亮度（Lightness），用户通过该功能可以精确地调整视频的色调、对比度和亮度，进而实现视频颜色的精细调整。这样的调整不仅能让视频色彩更加丰富，还能使其更加生动，为观众带来更加愉悦的观看体验。

5.6.2　色相

　　色相作为色彩的首要特征，决定了画面所呈现的基本颜色。通过调整"色相"值，我们可以轻松地将一种颜色转变为另一种颜色，从而为视频画面带来全新的视觉感受。接下来，将通过一个具体案例来详细阐述这一功能的使用方法，帮助大家更好地掌握色相调整的技巧和精髓。具体的操作步骤如下。

01　首先通过色轮图了解色彩中色相的过渡色彩，如图5-51所示。

02　打开剪映，导入一段太阳照射草地的视频素材，点击界面下方的"调节"按钮，选择"调节"分类中的HSL选项，如图5-52所示。

03　原视频中的草地被落日余晖映照成金黄色，这时通过调节HSL功能中的"黄色"，向右拖动增加"色相"值，发现草地变成了绿色，通过图5-52与图5-53对比可以发现，画面中的草地颜色发生明显转变，这就是色相的最基本使用方法。

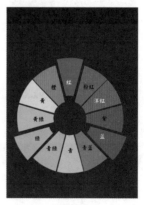
图 5-51

图 5-52   图 5-53

5.6.3 饱和度

饱和度，又称"纯度"，是衡量色彩鲜艳程度的重要指标。当饱和度越高时，画面中的色彩就会显得越鲜艳、越生动。接下来，将通过一个实例来详细演示如何调整饱和度，以及这一调整对视频画面产生的具体影响，帮助大家更好地理解和运用这一功能。具体的操作步骤如下。

01 打开剪映，导入一段饱和度较高的视频素材，可以看到画面中蓝色和绿色几乎平分了画面色彩，因为两种颜色的鲜艳程度都比较高，这时可以降低饱和度，以便得到更直观的画面效果，如图5-54所示。

02 按照上一步的操作，选择HSL选项中的"蓝色"，将"饱和度"滑块向左拖至最小，可以明显看出，画面中蓝色色彩降到最低，最终呈现一个黑白的效果，如图5-55所示。

03 同样当降低画面中绿色和黄色的饱和度时，草地变为黑白的效果，如图5-56所示。

图 5-54   图 5-55   图 5-56

5.6.4　亮度

亮度，也被称为明度，是指色彩的明亮程度。在视频编辑中，通过调整亮度，可以控制画面中所对应色彩的明亮或暗淡程度。亮度越高，色彩就显得越明亮、鲜艳；而亮度越低，色彩则显得更为暗淡、柔和。接下来，将结合具体案例，详细介绍如何调节亮度，并探讨其对视频画面产生的影响。具体的操作步骤如下。

01 点击HSL选项中的"重置"按钮，将之前调整的饱和度恢复到默认值，如图5-57所示。

02 选中需要修改画面亮度的色彩，因为画面中绿色部分较多，为了效果更加明显，这里选择绿色进行修改。

03 向右拖动"亮度"滑块到最高，可以看出画面中的绿色明显加亮，如图5-58所示。同样，向左拖动"亮度"滑块调到最低，画面中的绿色变得更深、更暗，如图5-59所示。

图 5-57

图 5-58

图 5-59

5.6.5　曲线

"曲线"功能中的 RGB 代表了红（Red）、绿（Green）、蓝（Blue）三种颜色，这三种颜色构成了光的三原色。在"曲线"功能中，用户可以通过增加或删除锚点，以及自由调整曲线的弯曲程度，来获得丰富多彩的色彩效果。RGB 曲线调色在视频编辑中占据重要地位，它能够帮助用户轻松达成各种颜色特效和风格的需求，为视频注入鲜活、多彩的视觉感受。接下来，将通过具体实例，简明扼要地介绍"曲线"功能的强大之处。具体的操作步骤如下。

01 打开剪映，导入一段视频素材，点击界面下方的"调节"按钮，选择"调节"分类中的"曲线"功能，如图5-60所示。

02 选择对应通道（包括透明、红、绿、蓝4个通道）。曲线下方功能区的4个区域对应画面的暗部、阴影、中间调、亮部的影调变化，拖动所需处理功能区的锚点，可以对画面色调影调进行控制。

03 如图5-61所示，对画面中对应区域分别进行控制，从而使画面阴影部分更暗，高光部分更亮。操作时应随时观察画面细节，以避免画面过暗、过亮导致画面失去细节。

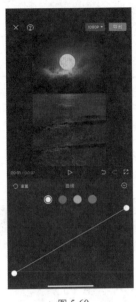 

图 5-60   图 5-61

在通道的色彩面板中，选择需要调整的色彩是至关重要的步骤。如图 5-62 所示，已选中了画面中较为醒目的蓝色色调，以便进行后续的色彩调整。这样的选择将确保调整过程更加精准，使画面色彩更加和谐统一。具体的操作步骤如下。

01 点击"曲线"选项下的"重置"按钮，将之前调整的曲线恢复到默认值。

02 选择蓝色进行曲线调色实验，拖动画面左侧区域的锚点，上拉后会发现画面中暗部阴影区域变蓝（如图5-63所示），下拉后会发现，画面中阴影部分变绿（如图5-64所示）。同理，拖动中间位置的锚点，上拉发现画面中云层水光等较为明亮的区域也发生了类似变化。

03 由此类推，在面对画面中含有不同色彩元素的视频时，都可以通过调整不同的色彩曲线得到需要的画面效果。

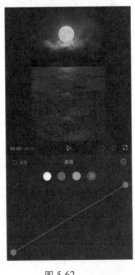 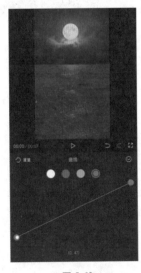 

图 5-62   图 5-63   图 5-64

因曲线调色变幻万千，不同参数可以得到不同的画面效果，这里只做简单功能原理的介绍，学习使用的过程中可以多做尝试，寻找自己的视频调色风格。

5.6.6　色轮

在剪映中，"色轮"是一种极为实用的调色工具，它融合了多种颜色和色调，为用户提供了自由调整视频画面颜色、亮度和对比度的能力。通过精心选择一级色轮、二级色轮或 LOG 色轮，用户可以根据具体需求进行精确调色，突出特定颜色或提升画面的细节和质感。这样的调色过程不仅使视频画面更加生动鲜明，还赋予了画面更丰富的层次感。

色轮中的 4 个部分分别对应着暗部、中灰、亮部和偏移，而圆环则象征着画面色彩变化的流畅过渡。中心圆点代表着颜色倾向，当拖动它靠近色环中的某一种颜色时，画面颜色也会自然地向该颜色过渡。同时，左侧的白色箭头控制着饱和度，而右侧的白色箭头则调节亮度，如图 5-65 所示。通过这些精细的调整，用户可以轻松实现理想的视频色彩效果。

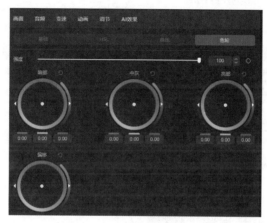

图 5-65

下面通过具体案例，对色轮功能进行介绍。

01　打开剪映专业版，导入一段视频素材，选中视频轨道，单击右上角的"调节"分类中的"色轮"按钮，如图 5-66所示。

02　观察视频素材，留意画面的高光、阴影、中间调，选择想要调整的区域，比如想要增加画面中草原暗部的饱和度，则可以在控制暗部的色轮中，向上滑动左侧饱和度箭头。调整之后的效果（如图5-67所示）与原画面效果进行对比发现，画面暗部区域发生明显变化，阴影区域变得更绿。

03　调整之后如果觉得画面的绿色太多显得画面色调偏冷，可以拖过中心圆点向橙色移动，如图5-68所示。之后可以发现，画面阴影部分颜色发生轻微变化，画面整体色调变暖。

图 5-66

图 5-67

图 5-68

同样的操作方法也可以作于画面中其他影调区域，这里只做基础功能讲解与介绍，想要提升这一方面的能力，需要在实战中结合不同画面进行练习。

第 6 章

剪映的 AI 功能

6.1 利用"智能剪口播"功能快速去语气词

6.1.1 "智能剪口播"功能的作用

在录制诸如解说、口播、知识讲解等视频时,由于个人习惯或表达失误,解说语音中难免会掺杂个人语气词或失误片段。这些因素无疑会增加后期剪辑的复杂性和时间成本。然而,通过使用剪映的"智能剪口播"功能,可以一键剪辑口播视频,从而高效去除这些不必要的部分,极大地提升了视频剪辑的效率。

6.1.2 "智能剪口播"功能的应用

"智能剪口播"功能的应用方法如下。

01 在剪映专业版中导入一段口播视频素材,如图6-1所示。

02 选中视频轨道,单击 按钮,如图6-2所示。

图 6-1

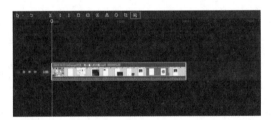

图 6-2

03 在弹出的"智能剪口播"面板中,AI 已经识别出视频中的语气词、停顿及重复片段,可以在右侧文字列表中选中并删除,如图6-3所示。

04 单击"确认删除"按钮,剪辑完成的口播片段便出现在轨道中,如图6-4所示。

图 6-3

图 6-4

6.2 利用"文字成片"功能实现自动剪辑

6.2.1 "文字成片"功能的作用

"文字成片"功能是一项强大的自动化视频制作工具,它利用剪映 AI 技术,根据文本中的关键词描述,自动生成相应的画面、配音和字幕。这项功能极大地降低了视频制作的门槛,即使是没有专业视频编辑经验的人,也能够通过简单的操作,快速制作出具有专业感的文字成片效果视频。

6.2.2 利用"文字成片"功能实现自动剪辑

利用"文字成片"功能实现自动剪辑的具体操作步骤如下。

01 打开剪映专业版,在主界面单击"文字成片"按钮,如图6-5所示。

图 6-5

02 在打开的"文字成片"窗口中,可以将准备好的文案粘贴进来,也可以单击左下角的"智能写文案"按钮,让AI根据你的主题写文案,如图6-6所示。

03 为了展示AI的强大功能,这里选择用"智能写文案"功能生成一个小故事,主题为"猫和狗的故事",字数为200字,配音根据自己的喜欢来选择,这里选择了"译制片男"配音,如图6-7所示。

图 6-6

图 6-7

04 确定好主题及字数后，单击![]按钮，即可生成文案，如图6-8所示。如果对当前文案不满意，可以单击![]![]按钮切换其他文案，如图6-9所示。

05 选择合适的文案后，单击"确认"按钮，在"文字成片"窗口的右下角选择生成视频的方式，这里有三种，因为是利用AI生成的文案，没准备相应的素材，所以选择"智能匹配素材"选项，如图6-10所示。

图 6-8　　　　　　　　　图 6-9　　　　　　　　　图 6-10

06 设置好匹配素材的方式以后，单击"生成视频"按钮，等待剪映生成视频，生成好的视频以剪映草稿的形式呈现出来，对不满意的地方还可以自行修改或删减，如图6-11所示。

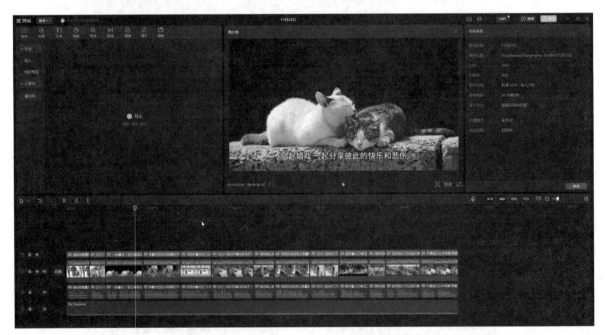

图 6-11

6.2.3　利用"文字成片"功能让文章快速成片

利用"文字成片"功能让文章快速成片的具体操作步骤如下。

01 打开剪映专业版，在主界面中单击"文字成片"按钮，如图6-12所示。

图 6-12

02　在打开的"文字成片"窗口中，单击智能文案旁边的🔗按钮，将你在头条中写好的文章或者找到的文章链接粘贴到文本框中，如图6-13所示。

03　单击文本框右侧的"获取文字"按钮，文章中的内容便自动添加到文案框中，配音根据自己的喜欢选择即可，这里选择的是"纪录片解说"，如图6-14所示。

04　确定好文案后，在"文字成片"窗口的右下角选择生成视频的方式，如图6-15所示。

图 6-13

图 6-14

图 6-15

　　如果是自己创作的文章并且有相应的图片视频素材，可以选择"使用本地素材"选项，此时的软件界面如图 6-16 所示。如果是参考别人的文章，没有相应的素材，这里可以选择"智能匹配素材"或"智能匹配表情包"选项。因为上文中讲解了"智能匹配素材"选项的使用方法，所以这里只展示"智能匹配表情包"的使用方法，此时的软件界面如图 6-17 所示。

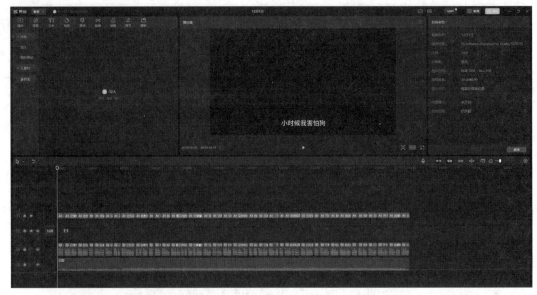

图 6-16

图 6-17

6.3 通过"数字人"功能实现视频解说

6.3.1 "数字人"功能的作用

　　虽然现在很多视频已经加了配音，但这样的视频仍然可能显得单调，缺乏吸引力和竞争力。然而，利用剪映中的数字人形象功能，可以有效地解决这一问题。例如，我们可以使用数字人代替创作者进行形象展示，使视频更加生动有趣。接下来，将通过一个进阶实例，详细讲解数字人与智能文案、文字成片功能的搭配使用方法。大家在学习数字人的操作技巧的同时，也能够通过这个案例提升对剪映各种智能剪辑功能的运用水平。

6.3.2 通过"数字人"功能实现视频解说

通过"数字人"功能实现视频解说的具体操作步骤如下。

01 选中已经添加的文本轨道，点击界面下方的"数字人"按钮，如图6-18所示。

02 在弹出的选项中，可以选择喜欢的数字人形象。这里选择的是"小赖-青春"形象，如图6-19所示。另外，如果取消选中"应用至所有字幕"复选框，则只对选中文本进行操作。

03 生成好的数字人单独形成了一个轨道，可以在"画中画"中找到它，通过"放大"或者"缩小"的手势，可调整数字人的大小，通过拖移数字人，可调整其位置，还可以通过点击"换形象""编辑文案""换音色"以及"景别"按钮实现其他操作，如图6-20所示。

04 如果是9:16的横版视频，还可以把数字人放在上下黑边或者背景中，不仅增加了视频解说，还让视频看起来更加和谐，如图6-21所示。

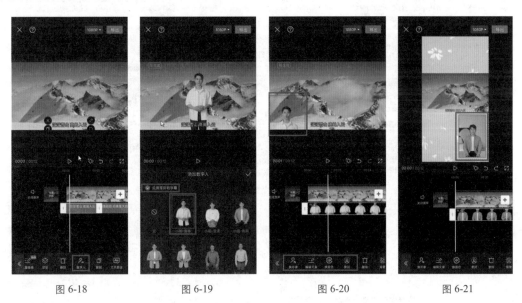

图 6-18　　　　　图 6-19　　　　　图 6-20　　　　　图 6-21

6.4 利用"AI商品图"功能高效出图

6.4.1 "AI商品图"功能的作用

随着 AI 技术的持续进步，继"AI 智能口播""文字成片""智能文案"及"数字人"等功能之后，剪映手机端再次创新，针对不同设备需求推出了全新的 AI 功能——"AI 商品图"。该功能主要利用先进的人工智能技术，对商品图像进行智能的背景删除以及新场景添加处理。在日常应用中，商品图像往往伴随着多余的背景或环境元素，而通过"AI 商品图"的抠图处理，用户可以轻松将商品从繁杂的背景中分离出来，使其更加突出，并能灵活适应各种展示场景。这一功能将极大地提升商品图像的展示效果和适用性，满足不同用户的个性化需求。

6.4.2 利用"AI商品图"功能高效出图

利用"AI 商品图"功能高效出图的具体操作步骤如下。

01 打开剪映，在剪辑页面点击右上方的"展开"按钮，在展开的菜单栏中点击"AI商品图"按钮，如图6-22所示。

02 在弹出的选择素材窗口中，选中准备好的商品素材图，然后点击右下角的"编辑"按钮，如图6-23所示。

03 在进入的"AI商品图"界面中选择一个合适的背景，这里选择的是"城市天际"，如图6-24所示，如果对第一次选择背景的生成效果不满意，继续点击会生成新的背景。

图 6-22   图 6-23   图 6-24

04 由于上传的商品素材图中的商品显示过大，导致没有空间输入文字，所以要调整商品的大小。点击商品会出现控制框，通过"放大"或者"缩小"的手势，可调整商品的大小，通过拖曳可以调整商品的位置，如图6-25所示。

05 点击▽按钮，即可生成调整完的商品图，如图6-26所示。

图 6-25   图 6-26

06 继续点击■按钮,进入商品图编辑界面,在这里可以为商品图更换风格、背景,添加文字、图片、贴纸,调整尺寸,如图6-27所示。

07 点击"文字"按钮,为商品添加SALE文字,如图6-28所示。

08 根据需求,选择合适的尺寸,点击右上角的"导出"按钮,完成AI商品图的创建,如图6-29所示。

图 6-27

图 6-28

图 6-29

6.5 利用"智能转比例"功能实现横竖屏切换

6.5.1 "智能转比例"功能的作用

在"智能转比例"功能推出之前,用户在进行横竖屏切换时,只能通过先更改画面比例,再手动调整画面位置和大小的方式来实现,这一过程不仅步骤烦琐,而且操作复杂。然而,自从增加了"智能转比例"功能后,用户只需一键即可轻松实现横竖屏的切换,同时该功能还能自动将视频画面固定在主体上,确保画面的主体始终保持在合适的位置,极大地提升了用户的使用便捷性。

6.5.2 利用"智能转比例"功能快速实现竖屏换横屏

利用"智能转比例"功能快速实现竖屏换横屏的具体操作步骤如下。

01 打开剪映专业版,在主界面中单击"智能转比例"按钮,如图6-30所示。

02 在弹出的"智能转比例"窗口中,单击"导入视频"按钮,上传需要转换比例的视频,如图6-31所示。

03 这里导入了一段9:16的飞机飞行的视频,将其转换为16:9的横屏视频,所以在右上角的"目标比例"选项中选择16:9,并且剪映自动将视频画面锁定在飞机上,如图6-32所示。下方的"镜头稳定度"和"镜头位移速度"选项是控制画面稳定程度的,根据情况具体选择,一般情况下选择"默认"即可。

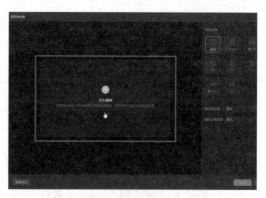

图 6-30   图 6-31

04 所有参数都调整完成后，如果不需要再对视频进行编辑，单击右下角的"导出"按钮，即可将视频导出到目标文件夹中，如果还需要对视频进行其他操作编辑，单击右下角的"导入到新草稿"按钮，即可进入剪映编辑界面进行其他操作，如图6-33所示。

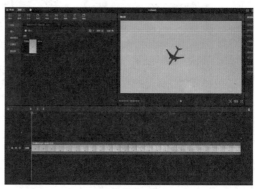

图 6-32   图 6-33

6.6 利用"智能打光"功能实现快速补光

6.6.1 "智能打光"功能的作用

在一些较暗的场景中拍摄人物时，由于光线不足，人物的面部容易显得暗淡，肤色也会显得较黑。在没有"智能打光"功能之前，对面部进行打光处理是一项相对麻烦的任务。然而，自从有了"智能打光"功能后，这一切变得简单而高效。用户只需一键操作，即可为面部增加基础面光，有效提升面部的亮度，使肤色更加自然。此外，"智能打光"功能还提供了"氛围彩光"和"创意光效"等选项，用户可以根据需要为画面增添不同的光影效果，营造出更加丰富和个性化的氛围。这项功能无疑为视频编辑带来了极大的便利和创意空间。

6.6.2 利用"智能转比例"功能实现快速补光

利用"智能转比例"功能实现快速补光的具体操作步骤如下。

01 打开剪映专业版，导入一段人像视频，如图6-34所示。

02 选中视频轨道，在右侧的"画面"下的"基础"选项卡中选中"智能打光"复选框，如图6-35所示。

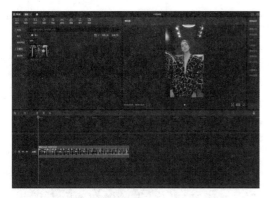
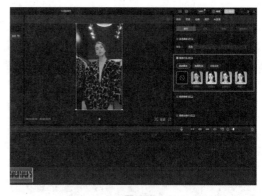

图 6-34　　　　　　　　　　　　　　图 6-35

03 导入的视频画面颜色偏暖，看起来比较暗，这里选择"基础面光"分类中的"温柔面光"，让人物面部颜色冷一些，达到酷爽的感觉，如图6-36所示。

04 如果感觉效果没有达到预期，也可以在光源选项中自行调节，可以调整"光源类型"为"平行光"或"点光源"，"对象"为"人物""背景"或"全部"，"颜色"根据需要调节，"强度"控制光的强弱，"光源半径"控制光的大小，"光源距离"控制光的远近，"高光"控制较亮的像素，"画面明暗"控制画面的明暗程度，如图6-37所示。

图 6-36　　　　　　　　　　　　　　图 6-37

6.7　利用"AI特效"功能让画面充满无限可能

6.7.1　"AI特效"功能的作用

"AI 特效"是一种运用人工智能技术实现的视频特效，它能够将视频中的画面转换成类似油画、水彩画等多种不同风格的绘画效果。这种特效不仅使视频更具艺术感，同时也大大提升了视频的观赏性和美感，为观众带来全新的视觉体验。

6.7.2 利用"AI特效"功能实现CG效果

利用"AI 特效"功能实现 CG 效果的具体操作步骤如下。

01 打开剪映专业版，导入一段女生跳舞的视频，如图6-38所示。

02 选中视频轨道，在右侧的"AI效果"选项卡中选中"AI特效"复选框，如图6-39所示。

图 6-38　　　　　　　　　　　　　　　　图 6-39

03 在"AI特效"分类中选择CG选项，在"风格描述词"中可以自定义输入，也可以单击下面的"随机"按钮由AI自动生成，单击右侧"灵感"按钮，选择生成风格，如图6-40所示。

04 确定好描述词以及风格后，单击"生成"按钮，会生成四个不同效果的预览画面，选择合适的选项，单击"生成视频"按钮，等待片刻即可生成CG效果，如图6-41所示。

图 6-40　　　　　　　　　　　　　　　　图 6-41

6.8　利用"智能调色"功能让画面更生动

6.8.1　"智能调色"功能的作用

"智能调色"功能通过精准调整视频的颜色、亮度、对比度、饱和度等关键参数，有效改变视频的色彩效果和整体视觉感受。该功能的操作界面简洁直观，用户无须具备专业的调色知识，只需根据个人喜好简单设置参数，即可轻松获得令人满意的调色效果。这一智能化工具极大地降低了视频调色的门槛，让更多人能够享受到专业级的调色体验。

6.8.2　利用"智能调色"功能让画面更生动

利用"智能调色"功能让画面更生动的具体操作步骤如下。

01　打开剪映专业版，导入一段夕阳视频，如图6-42所示。

02　选中视频轨道，在右侧"调节"下的"基础"选项卡中选中"智能调色"复选框，如图6-43所示。

图 6-42 　　　　　　　　　　　　　　　　　　　图 6-43

03　"智能调色"中的"强度"值主要是调整画面的整体亮度，"强度"值可以改变视频的明暗程度，以达到更好的视觉效果，将"强度"值调整到30，画面明显变暗了，如图6-44所示。

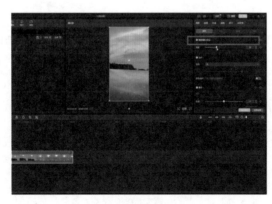

图 6-44

第 7 章

AI 文字内容生成

7.1 使用AI生成分镜头脚本

在短视频行业迅猛发展的时代背景下，分镜头脚本的创作已成为短视频制作中不可或缺的重要环节。然而，许多人在着手编写脚本时常常感到无从下手，创作过程困难重重。幸运的是，在科技不断进步的今天，我们可以借助 AI 工具来生成分镜头脚本。这不仅是对传统创作方式的一次革新，更是对短视频创作领域的一次深刻变革。

AI 工具的撰写功能已经相当强大，用户只需输入相关指令，AI 便能根据算法迅速生成相应的内容。此外，这些工具还配备了丰富的模型库，供用户灵活选择。用户只需点击所需的视频镜头模型，再根据自己的创意修改指令，AI 便能以惊人的速度生成详细的分镜头脚本。这种高效的工作模式极大地节省了创作者的时间和精力。

接下来，将介绍三款高效创作分镜头脚本的 AI 工具，它们将为你的短视频创作提供强有力的支持。

7.1.1 用文心一言生成短视频脚本

文心一言是由百度公司研发的一款人工智能大语言模型，它在跨模态、跨语言的深度语义理解与生成能力方面展现出了卓越的性能。该模型具备五大核心能力，即文学创作、商业文案创作、数理逻辑推算、中文理解和多模态生成，同时内置了丰富的写作模板。利用文心一言来撰写短视频脚本，无疑能够事半功倍，极大提升了创作效率。下面将详细介绍具体的操作步骤。

01 进入文心一言首页，如图7-1所示。

图 7-1

02 点击左上角"一言百宝箱"链接，出现模板选择页面，如图7-2所示。

图 7-2

03 在左上角搜索文本框内输入关键词"脚本"，出现相关模板，这里选择了"视频脚本创作"模板，点击该模板的"使用"按钮后，下方文本框内会出现相关文字模板，如图7-3所示。

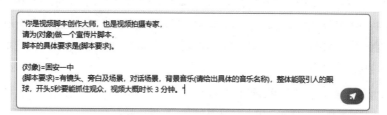

图 7-3

04 接下来生成视频脚本。利用AI生成脚本是有一定技巧的，在文字指令中一定要包括视频具体要介绍的对象、景别、镜头要求、音乐要求、视频类型、视频大概的内容以及其他具体的要求。此处想要生成一个甜品店宣传片的视频脚本，所以在文本框中输入相关指令，如图7-4所示。

图 7-4

05 点击文本框右侧的箭头图标，即可生成视频脚本。AI生成的关于甜品店宣传片的视频部分脚本如下。

【镜头1】

(0:00-0:05)

画面：早晨的阳光洒在一家温馨的小店"幸福烘焙"上，门口鲜花盛开，店内透出暖暖的灯光。

旁白：在清晨的阳光下，"幸福烘焙"与你一同迎接新的一天。

【镜头2】

(0:06-0:10)

画面：店内环境，展示木质的桌椅、墙上的烘焙工具、店内的装饰等。

旁白：这里，每一处都充满了温馨与舒适，让你感受到家的味道。

【镜头3】

(0:11-0:20)

画面：店主在准备材料，新鲜的面粉、香甜的果酱、新鲜的水果等。

旁白：我们的甜品，选用上等的材料，让你品尝到食材本身的鲜美。

【镜头4】

(0:21-0:35)

画面：店主开始制作甜品，展示精细的制作过程。

旁白：每一步都精心制作，用心烘焙，只为带给你最完美的味觉体验。

06 如果对生成的脚本不满意，可点击"重新生成"按钮，再次生成脚本，直到满意为止，也可以在AI生成的脚本中自行修改内容。

7.1.2 用WPS AI生成短视频脚本

WPS AI 作为"金山办公"推出的国内首款协同办公类 ChatGPT 式应用，拥有出色的大语言模型能力。在 WPA AI 的灵感市集中，用户可以找到覆盖多领域的丰富模板，这些模板能够快速生成各类视频脚本、工作总结、广告文案以及社交媒体推文等内容。通过结合 WPS 本身的文档编辑和打印等功能，用户可以高效地产出大量的短视频脚本。具体的操作步骤如下。

01 打开WPS软件，新建文档，双击Ctrl键调出WPS AI。

02 单击WPS AI中的"灵感集市"按钮，进入灵感模板库，在模板库中找到短视频脚本模板，即可开始创作，如图7-5所示。

图 7-5

03 在文本框内输入脚本的相关内容，此处想要创作一个美妆博主化妆的视频脚本，在文本框输入的内容如图7-6所示。

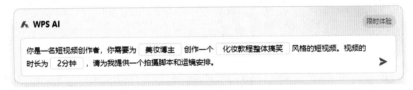

图 7-6

04 单击文本框右侧的箭头按钮即可生成脚本，生成的部分脚本如图7-7所示。

镜号	拍摄场地	拍摄时间	光线和颜色	景别	拍摄方法	镜头时长	画面	角色动作	人物台词/旁白	音乐/音效	后期剪辑和特效要求
1	室内，化妆台前	白天	自然光，暖色调	中景	推镜头（由远至近）	10秒	镜头推进，出现化妆品和美妆博主的笑脸	美妆博主摆出摆起的Pose，挤出笑脸	旁白："大家好，我是你们的美妆博主！"	轻快的音乐，笑声	加字幕："欢迎来到我的化妆教程！"
2	室内，化妆台前	白天	自然光，中性色调	全景	移镜头	15秒	美妆博主坐在化妆台前，展示各种化妆品	美妆博主拿起化妆品，摆出摆起的Pose	美妆博主台词："首先，我们要准备这些化妆品！"	笑声，轻快的音乐	加字幕："准备阶段"
3	室内，化妆台前	白天	自然光，暖色调	中景	摇镜头	10秒	美妆博主打开粉底液，摆出摆起的涂脸姿势	美妆博主涂脸，做出夸张的表情	美妆博主台词："涂上粉底液，让你的皮肤像婴儿般一样清澈！"	笑声，轻快的音乐	加字幕："涂粉底液"
4	室内，化妆台前	白天	自然光，冷色调	全景	拉镜头（由近至远）	10秒	美妆博主拿起眼眼线笔，画出摆起的眼线形状	美妆博主画眼线，做出夸张的面部表情	美妆博主台词："眼线是眼睛的灵魂，画出你的灵魂吧！"	笑声，轻快的音乐	加字幕："画眼线"

图 7-7

05 如果对生成的脚本不满意，可以单击"重试"按钮再次生成，直到满意为止，也可以在AI生成的脚本中自行修改内容。

7.1.3 用智谱清言生成短视频脚本

智谱清言是由北京智谱华章科技有限公司精心研发并推出的一款生成式AI助手。在智谱清言的功能板块中，特别值得一提的是其"灵感大全"，这一板块为用户提供了众多模板，旨在帮助用户快速完成创作。尤其对于需要短视频脚本的用户来说，利用智谱清言中的短视频脚本模板进行创作，不仅高效，而且极其便捷。具体的操作步骤如下。

01 进入智谱清言首页，注册并登录后进入智谱清言功能区，如图7-8所示。

图 7-8

02 在页面右侧的"灵感大全"区域找到所需的短视频脚本模板并进行创作。根据模板文字，在文本框中修改短视频脚本的具体内容，如图7-9所示。

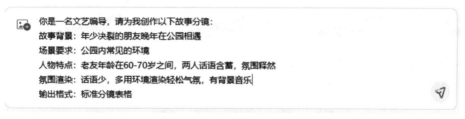

图 7-9

03 单击右侧的箭头按钮即可生成视频脚本，如图7-10所示。

分镜序号	场景描述	对白	动作描述	氛围渲染	背景音乐
1	公园里的长椅上，两位老人坐着，背景是夕阳下的湖泊	甲："好久不见。"乙："是啊，几十年了。"	甲乙两人相视而笑，握手	宁静、和谐	温馨的钢琴曲
2	两人回忆起年轻时的争吵，表情有些复杂	甲："那时候，我们总是争论不休。"乙："是啊，谁也不让谁。"	两人陷入回忆，表情有些复杂	沉重、回忆	低沉的弦乐
3	回到现实，两人看着对方，眼中充满了理解	甲："现在想想，那时候的争吵真是可笑。"乙："是啊，我们都老了。"	两人相视而笑，眼中充满了理解	深沉、理解	深情的钢琴曲
4	两人一起看着湖面上的夕阳，气氛轻松	甲："这夕阳真美。"乙："是啊，像我们的青春。"	两人一起看湖面上的夕阳，脸上洋溢着轻松的笑容	轻松、宁静	轻松的吉他曲

图 7-10

04 如果对生成的视频脚本不满意，可以修改文字指令反复进行生成，直到满意为止，也可以在生成的脚本中自行修改。

7.2 使用AI生成标题

标题在短视频中的重要性无须赘言，它直接关乎观众的点击意愿和视频的传播效果。一个引人入胜的标题能瞬间点燃观众的好奇心，尤其在当今信息爆炸的时代，标题已成为内容营销的制胜法宝。然而，创作一个抓人眼球的标题并非易事。幸运的是，随着人工智能技术的不断进步，我们已经有了得力的助手。AI 不仅能迅速生成大量标题，还能确保这些标题兼具创新性、吸引力和相关性，从而极大地提升了创作效率。

接下来，将介绍两款实用的 AI 生成标题工具。

7.2.1 利用360智脑生成短视频标题

360 智脑，作为 360 公司精心研发的认知型通用大模型，不仅拥有生成创作、多轮对话、逻辑推理等十大核心能力，更涵盖了数百项细分功能，旨在为用户打造全新的人机协作体验。借助 360 智脑生成短视频标题，用户能够轻松获得独特且富有创意的标题，从而极大地节省了人工创作标题所需的时间和精力。具体的操作步骤如下。

01 进入360智脑首页，注册并登录后进入如图7-11所示的页面。

图 7-11

02 在下方文本框内输入文字指令，通过实时对话即可进行内容创作。注意，在输入文字指令时一定要明确要求，告知AI标题的内容方向、风格、字数。此处想要生成一个关于介绍元宇宙的抖音短视频标题，在文本框内输入的文字指令如图7-12所示。

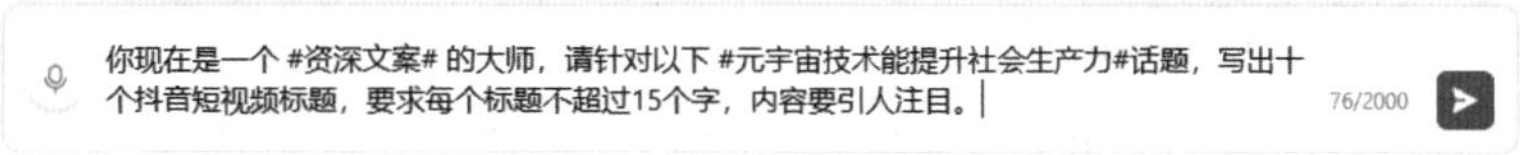

你现在是一个 #资深文案# 的大师，请针对以下 #元宇宙技术能提升社会生产力#话题，写出十个抖音短视频标题，要求每个标题不超过15个字，内容要引人注目。

76/2000

图 7-12

03 单击文本框右侧的箭头按钮，即可生成标题内容，如图7-13所示。

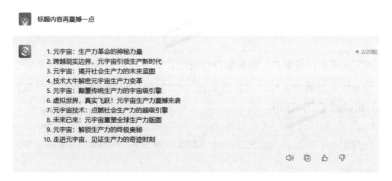

1. 元宇宙：生产力革命的新引擎
2. 跨越虚拟现实，元宇宙提升生产效率
3. 元宇宙：打造永不落幕的生产力盛宴
4. 技术大咖解读元宇宙生产力奥秘
5. 元宇宙：重构社会生产力的神秘力量
6. 虚拟世界里的真实生产力提升之道
7. 元宇宙技术：社会生产力的加速器
8. 未来已来：元宇宙技术重塑生产力格局
9. 元宇宙：解锁社会生产力的新维度
10. 走进元宇宙，感受生产力的无限可能

图 7-13

04 如果对标题内容不满意可以通过再次对话来调整内容，此处觉得以上生成的标题不够震撼，所以又给AI一些指令重新生成，如图7-14所示。

标题内容再震撼一点

1. 元宇宙：生产力革命的神秘力量
2. 跨越现实边界，元宇宙引领生产新时代
3. 元宇宙：揭开社会生产力的未来蓝图
4. 技术大牛解密元宇宙生产变革
5. 元宇宙：颠覆传统生产力的宇宙级引擎
6. 虚拟世界，真实飞跃！元宇宙生产力震撼来袭
7. 元宇宙技术：点燃社会生产力的超级引擎
8. 未来已来：元宇宙重塑全球生产力版图
9. 元宇宙：解锁生产力的终极奥秘
10. 走进元宇宙，见证生产力的奇迹时刻

● 2/20轮

图 7-14

05 可以反复与AI进行对话或者单击下方"重新生成"按钮，得到自己比较满意的标题。除此之外，还可以通过"数字人广场"找到合适的模板来生成标题，数字人广场的模板如图7-15所示。

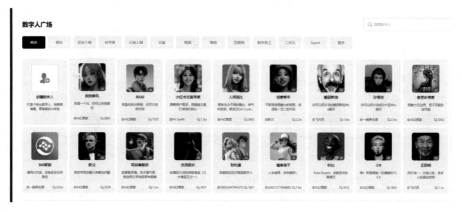

图 7-15

7.2.2 用天工生成短视频标题

天工是由昆仑万维与奇点智源公司联手打造的大语言模型。该模型以问答式交互为核心，允许使用者通过自然语言与天工进行流畅的交流，进而获取包括文案生成、知识问答、代码编程、逻辑推演及数理推算等在内的多样化服务。当利用天工生成短视频标题时，用户只需结合相关模板并融入个人需求，便能轻松创作出具有爆款潜力的标题。具体的操作步骤如下。

01 打开"天工"首页，注册并登录后，进入如图7-16所示的页面。

图 7-16

02 单击上方"AI创作"链接后，再单击"模板创作"链接，即可看到大量的创作模板可供选择。其中包括"营销与广告""创意写作""职场文档""学术教育"4个领域的模板。只需要填写相关内容，即可一键生成想要的内容，部分模板如图7-17所示。

图 7-17

03　选择关于短视频标题创作的模板,即可开始创作。此处选择了一款"爆款标题"模板,按照模板提示输入相关内容,如图7-18所示。

图 7-18

04　单击"开始创作"按钮,即可生成相关标题,生成的标题如图7-19所示。

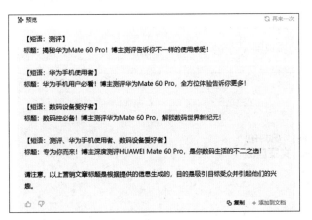

图 7-19

05　单击下方的"添加至文档"链接,相关内容会填到右侧的编辑区,可以在编辑区内改写,如图7-20所示。

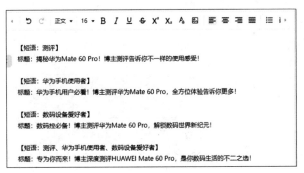

图 7-20

7.3 使用AI生成视频文案

短视频文案在提升观众内容理解方面发挥着举足轻重的作用。它能够补充视频画面中难以直观传达的背景信息、细节描绘或独特观点，从而加深观众对视频内容的认知。在这个信息爆炸的时代，优质文案更是如同磁铁一般，能够迅速吸引观众的眼球。通过精练而富有力量的文字，观众能在短时间内对视频内容产生浓厚的兴趣。然而，如何快速撰写出引人入胜的视频文案，一直是困扰许多人的难题。

幸运的是，随着人工智能技术的不断突破和进步，AI在文案生成方面的能力也日益增强。通过持续的学习和实践，AI已经能够更深入地理解人类的语言习惯和创作需求，进而生成更加精准、高质量的视频文案。接下来，将介绍两款实用的AI生成视频文案工具，它们将为你的创作提供有力的支持。

7.3.1 用秘塔写作猫生成视频文案

秘塔写作猫是一款由上海秘塔网络科技有限公司精心打造的写作辅助软件，广泛应用于社交媒体、新闻、公众号文章以及法律文件等多个领域。这款软件不仅支持批量生成文案和文章，还提供了丰富的模板供用户选择。每个模板都配备了固定的指令步骤，使文案生成变得异常便捷——用户只需按照步骤填入相应内容，即可轻松生成所需文案。

然而，对于普通用户而言，秘塔写作猫在字数生成方面存在一定的限制。当超过免费字数限制后，用户需要付费使用。此外，部分高级模板和批量生成功能也需要额外付费才能使用。

以下是使用秘塔写作猫生成视频文案的具体操作步骤。

01 进入秘塔写作猫首页，登录后进入如图7-21所示的页面。

图 7-21

02 单击"快速访问"中的"AI写作"按钮，进入模板写作中心，其中包括"全文写作""论文灵感""小红书种草文案""方案报告""短视频文案"等14个场景领域的应用创作模板，如图7-22所示。

选中AI模板，开始创作
搜索模板
全文写作
按步骤快速创建一篇完整的文章
广告语
为您的产品头脑风暴出有创意的广告宣传语
论文灵感
让论文写作更高效
小红书种草文案
根据产品特点，生成爆款笔记
方案报告
快速书写报告、方案、公文、总结、计划、体会等
短视频文案
快速生成短视频文案
日报周报
简单描述即可生成一份详实的工作报告
邮件
为您撰写任何类型的电子邮件

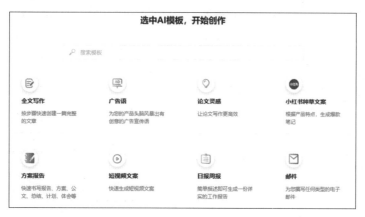

图 7-22

03 选择短视频文案相关模板，即可开始创作。这里选择了“短视频文案”中的“单品”模板，填入模板的相关步骤指令，如图7-23所示。

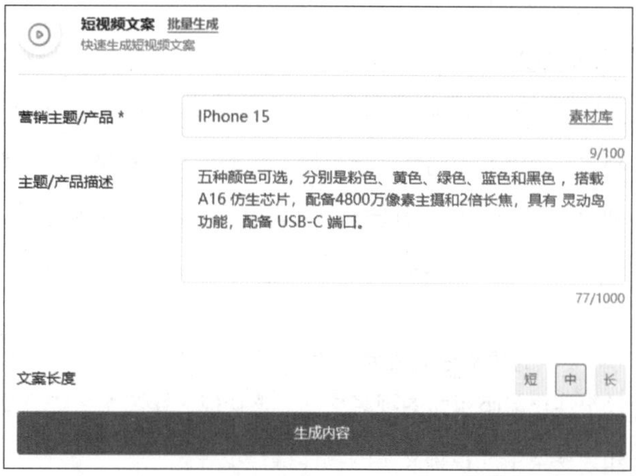
短视频文案 批量生成
快速生成短视频文案
营销主题/产品 *
IPhone 15
素材库
9/100
主题/产品描述
五种颜色可选，分别是粉色、黄色、绿色、蓝色和黑色，搭载A16 仿生芯片，配备4800万像素主摄和2倍长焦，具有 灵动岛功能，配备 USB-C 端口。
77/1000
文案长度
短
中
长
生成内容

图 7-23

04 单击下方“生成内容”按钮，即可生成短视频文案，AI生成的文案如图7-24所示。

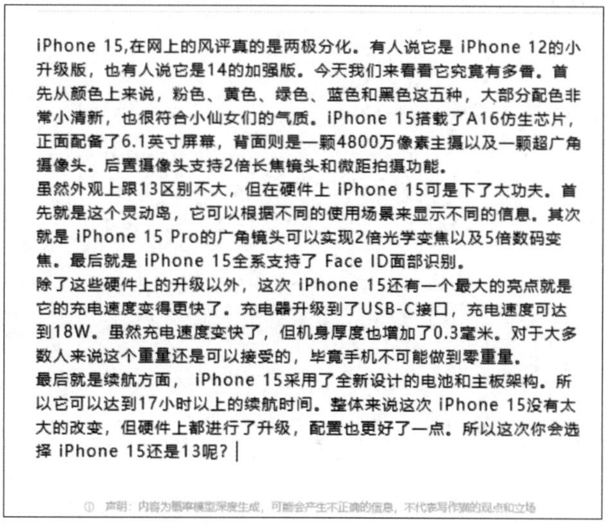
iPhone 15,在网上的风评真的是两极分化。有人说它是 iPhone 12的小升级版，也有人说它是14的加强版。今天我们来看看它究竟有多香。首先从颜色上来说，粉色、黄色、绿色、蓝色和黑色这五种，大部分配色非常小清新，也很符合小仙女们的气质。iPhone 15搭载了A16仿生芯片，正面配备了6.1英寸屏幕，背面则是一颗4800万像素主摄以及一颗超广角摄像头。后置摄像头支持2倍长焦镜头和微距拍摄功能。
虽然外观上跟13区别不大，但在硬件上 iPhone 15可是下了大功夫。首先就是这个灵动岛，它可以根据不同的使用场景来显示不同的信息。其次就是 iPhone 15 Pro的广角镜头可以实现2倍光学变焦以及5倍数码变焦。最后就是 iPhone 15全系支持了 Face ID面部识别。
除了这些硬件上的升级以外，这次 iPhone 15还有一个最大的亮点就是它的充电速度变得更快了。充电器升级到了USB-C接口，充电速度可达到18W。虽然充电速度变快了，但机身厚度也增加了0.3毫米。对于大多数人来说这个重量还是可以接受的，毕竟手机不可能做到零重量。
最后就是续航方面， iPhone 15采用了全新设计的电池和主板架构。所以它可以达到17小时以上的续航时间。整体来说这次 iPhone 15没有太大的改变，但硬件上都进行了升级，配置也更好了一点。所以这次你会选择 iPhone 15还是13呢？
声明：内容为智能模型深度生成，可能会产生不正确的信息，不代表写作猫的观点和立场

图 7-24

05 如果对文案内容不满意可进行重新生成，或者导入文档后，在编辑区内进行修改，如图7-25所示。

图 7-25

7.3.2 用讯飞星火生成视频文案

讯飞星火认知大模型是科大讯飞公司最新推出的重磅产品，该模型在文本生成、语言理解、知识问答、逻辑推理、数学、代码以及多模态能力等方面均展现出卓越的性能，为用户带来了全面而深入的智能体验。

讯飞星火的"助手中心"和"发现友伴"两大功能板块尤为引人注目。"助手中心"汇聚了众多实用的创作模型，用户可以轻松选择并应用于各种场景；"发现友伴"则为用户提供了一个与特定角色进行聊天互动的平台，让智能对话不再单调乏味。

值得一提的是，使用讯飞星火中的模板生成视频文案时，用户可以根据个人需求和创意，灵活调整文案内容、结构和风格，从而创作出更具个性化和吸引力的视频文案。该功能无疑将极大提升用户的创作效率和文案质量。

以下是使用讯飞星火认知大模型生成视频文案的具体操作步骤。

01 进入讯飞星火认知大模型主页，注册并登录后进入如图7-26所示的页面。

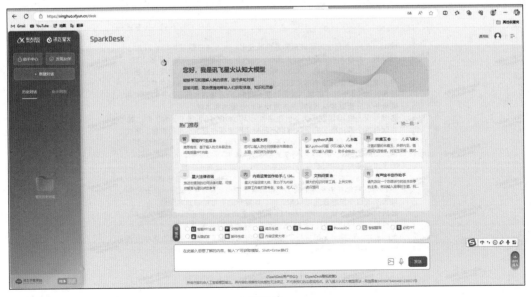

图 7-26

02 单击"助手中心"按钮，进入模板库，在右上角文本框内输入想要使用模板的关键词即可找到相关模板。此处在文本框内输入了"视频文案"关键词，出现的模板如图7-27所示。

图 7-27

03 选择模板后，在模板文本框内输入文字指令，要注意，指令中要包括视频文案的大体主题及内容风格要求，如图7-28所示。

图 7-28

04 单击"发送"按钮即可生成文案内容，AI生成的文案内容如图7-29所示。

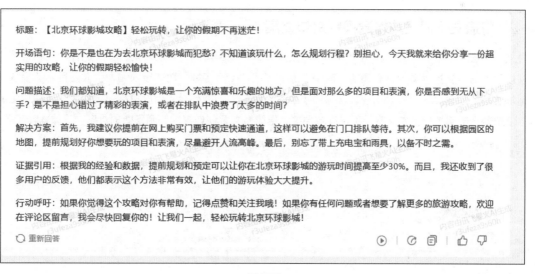

图 7-29

05 除此之外，讯飞星火另外一大特色板块——"发现友伴"中有许多角色可以进行对话聊天，聊天风格是根据角色定位制定的，也可以自己创建友伴角色。"发现友伴"界面如图7-30所示。

图 7-30

7.4 使用AI生成爆款视频金句文案

爆款金句对于短视频的病毒式传播和影响力扩大具有显著作用。尽管创作金句对普通人而言可能颇具挑战，但随着人工智能技术的不断进步，这种挑战正在逐步减弱。借助自然语言处理技术，我们可以利用机器学习模型分析海量文本数据，从而掌握语言的结构和规则。基于这些规则，生成新的、具有爆款潜力的金句，为短视频创作提供有力支持。

7.4.1 用通义千问生成爆款视频金句文案

通义千问是阿里云推出的一款功能强大的超大规模语言模型，具备多轮对话、文案创作、逻辑推理、多模态理解以及多语言支持等多项核心功能。其中，通义千问的"百宝袋"功能板块尤为引人注目，该板块内置了涵盖趣味生活、创意文案、办公助理、学习助手等多个领域的丰富模板，用户只需一键套用即可快速生成所需内容。使用通义千问生成金句文案，不仅高效便捷，更能为文案创作提供源源不断的灵感。具体操作步骤如下。

01 进入通义千问首页，注册并登录后进入如图7-31所示的页面。

图 7-31

02 在文本框内输入相应的文字指令，即可启动AI工具进行创作。然而，要想创作出爆款视频的金句文案，需要掌握一定的技巧。首先，为AI赋予明确的角色定位是至关重要的。这意味着我们需要让AI了解自己所扮演的角色以及所需创作的内容类型，从而确保其生成的文案与预设的角色和主题高度契合；其次，赋予文案清晰的结构也是关键所在，通过为AI提供具体的金句框架结构，我们可以引导其生成更有条理、易于理解和记忆的文案；接着，明确内容方向同样不容忽视。我们需要为AI指明金句文案的大体创作方向，确保其生成的文案能够紧扣主题，吸引目标受众的注意力；最后，优化编辑环节也不可或缺。在AI生成初步文案后，我们需要对其进行仔细的审查和修改，以确保文案的质量、准确性和吸引力。通过自行修改内容，我们可以进一步提升文案的独特性和个性化特征，使其更具爆款潜力。

03 此处想要创作关于美食的方面的短视频金句，按照上面所说的技巧输入文字指令。输入的文字指令如图7-32所示。

文本回答
图片理解
文档解析
金句的ABBA结构，如"时间不是解药，但解药在时间里"。在这个句子中，AB对应的两个词是时间和解药。而在后半句中，BA对应的两个词是解药和时间。
你是一名文案创作大师，请仿照"时间不是解药，但解药在时间里"这句话，撰写关于"美食"相关的短视频ABBA结构的金句文案，数量为10条。

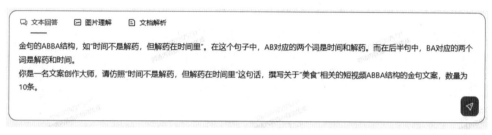

图 7-32

从输入的文字可以看出：

“你是一名文案创作大师”就是赋予 AI 的角色。

“时间不是解药，但解药在时间里。以上是金句的 ABBA 结构，在这个句子中，AB 对应的两个词是时间和解药。而在后半句中，BA 对应的两个词是解药和时间”是赋予 AI 的结构。

“写关于‘美食’相关的短视频金句文案，数量 10 条”是为明确 AI 的内容方向。

04 单击文本框右侧的箭头按钮，即可生成金句，AI生成的金句内容如图7-33所示。

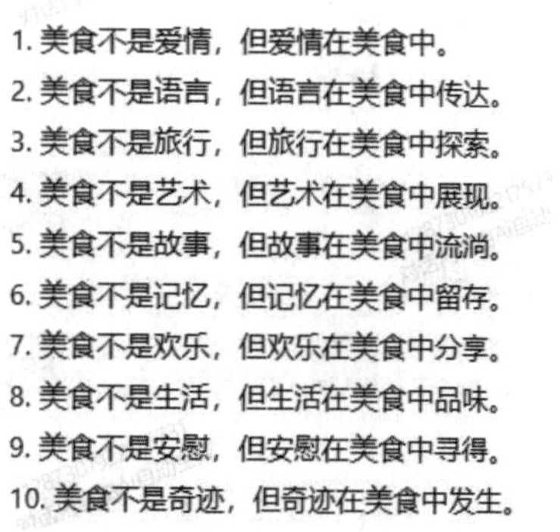

1. 美食不是爱情，但爱情在美食中。
2. 美食不是语言，但语言在美食中传达。
3. 美食不是旅行，但旅行在美食中探索。
4. 美食不是艺术，但艺术在美食中展现。
5. 美食不是故事，但故事在美食中流淌。
6. 美食不是记忆，但记忆在美食中留存。
7. 美食不是欢乐，但欢乐在美食中分享。
8. 美食不是生活，但生活在美食中品味。
9. 美食不是安慰，但安慰在美食中寻得。
10. 美食不是奇迹，但奇迹在美食中发生。

图 7-33

05 如果对生成的金句内容不满意可重新生成。除此之外，通义千问的“百宝袋”板块中有许多创作模板可供选择，使用起来非常方便，如图7-34所示。

全部
趣味生活
创意文案
办公助理
学习助手
趣味生活
写情书
送情书一直都很浪漫
然后呢
写一个句子作为开头，看看然后发生了什么
AI 健身教练
制定专属健身计划
怎么办助手
解决问题大师

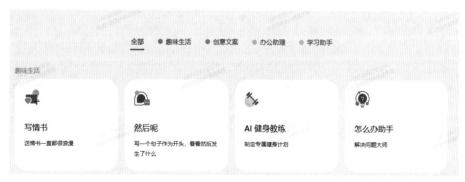

图 7-34

7.4.2 用好机友魔方世界生成爆款视频金句文案

好机友魔方世界是北京点智文化公司精心推出的一款 AI 工具，它集成了 AI 智能对话问答、AI 绘画、AI 写作三大核心功能，为用户提供了丰富多样的 AI 体验。

这款工具拥有多个板块应用，涵盖了专家顾问团、产品运营、人力资源、企业管理、写作辅导以及效率工具等多个方面的内容。其页面设计简洁明了，操作起来非常方便。无论是专业写手还是初学者都能轻松上手，利用这款工具进行创作。

使用好机友魔方世界生成金句文案，既方便又快捷。它不仅能激发用户的创意灵感，还能精准把握语言结构和韵律，使生成的金句既富有深度又兼具诗意。无论是用于短视频创作、广告宣传还是社交媒体推广，都能让你的文案脱颖而出，吸引更多关注。

以下是使用好机友魔方世界生成金句文案的具体操作步骤。

01 进入好机友魔方世界主页，注册并登录后进入如图7-35所示的页面。

图 7-35

02 在左侧菜单栏中，可根据需求选择具体的AI工具，或者在主页中使用各种领域的内容模板。此处想用好机友魔方世界写金句。单击左侧菜单中的"写作"按钮，进入"写作"界面，如图7-36所示。

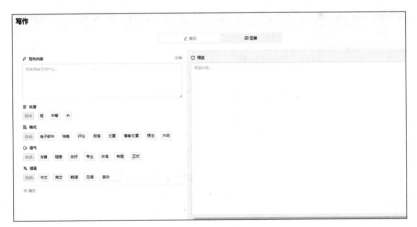

图 7-36

03 在左侧文本框内输入文字指令，前面已经讲过用AI写金句的具体技巧，此处还是按照所讲的技巧来输入文字指令，如图7-37所示。

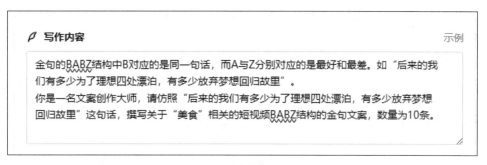

图 7-37

04 单击右下方的"生成内容"按钮，即可用生成金句，如图7-38所示。

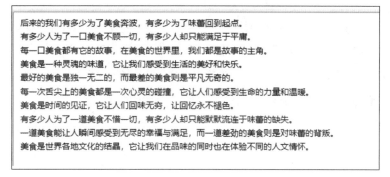

图 7-38

05 如果对生成的金句内容不满意，可以再次单击"生成内容"按钮重新生成相关内容。

好机友魔方世界除了写作的功能，还可以绘画。在 AI 绘画中，可以根据"图生图""图生文""融图"等功能，方便快捷地生成图片或者根据图片得到对应的提示词，如图 7-39 所示。

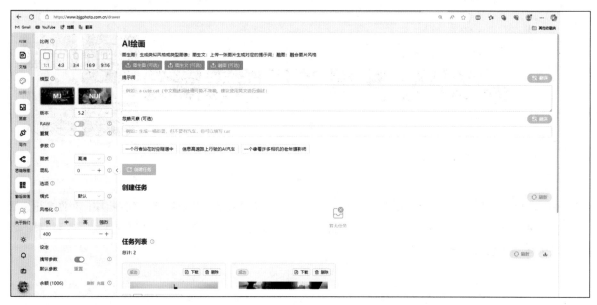

图 7-39

7.5 使用AI自动抓取并生成热点文章

热点话题总能激起观者的热烈讨论和积极互动。在短视频中巧妙融入这些话题，无疑能点燃观者的参与热情，促使他们更频繁地进行评论、分享和点赞等互动行为。然而，热点类短视频的生命线在于时效性。传统依赖人力生成大量热点文章的方式既耗时又费力，往往导致错过最佳发布时机。

幸运的是，人工智能技术的崛起彻底改变了这一局面。AI 现在能够迅速抓取并处理海量信息，实时生成紧跟热点的文章。这无疑大大提高了热点内容的生成效率和准确性。接下来，将详细介绍两款能够自动抓取并生成热点文章的 AI 工具，它们将为你的创作之路提供强有力的支持。

7.5.1 利用度加创作工具生成热点文章

度加创作工具是百度精心开发的一款 AIGC 创作工具，其核心功能包括"AI 成片"（涵盖图文成片和文字成片）、"AI 笔记"（智能生成图文内容）以及"AI 数字人"等。在"AI 成片"板块中，用户可以轻松实现 AI 自动抓取并生成与热点紧密相关的文章，极大地提升了内容创作的效率和时效性。需要注意的是，"热点推荐"功能每日可免费使用 3 次，而"AI 润色"功能则每日提供免费使用 5 次的机会。

以下是使用度加创作工具进行 AI 自动抓取并生成热点文章的具体操作步骤。

01 进入度加创作工具的主页，注册并登录后，进入如图7-40所示的页面。

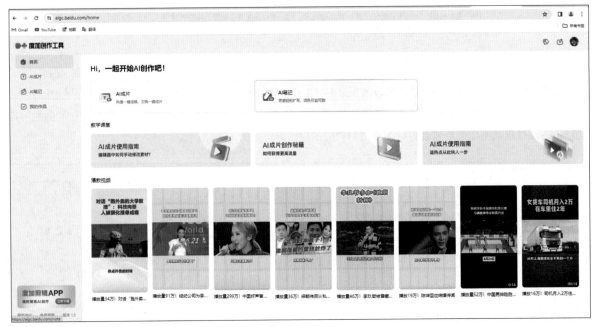

图 7-40

02 单击左侧菜单中的"AI成片"按钮，开始文案创作。在页面右侧有"热点推荐"功能板块，有许多热点话题，分为娱乐、情感、历史、健康、社会、科技等领域，可以按照城市来选择热点高的话题。热点推荐的板块内容，如图7-41所示。

热点推荐
全网
娱乐
情感
历史
健康
社会
科技
北京
律师称3娃非亲生暂不违反刑法
生成文案
"上官正义"遭代孕家长指责
官方通报26天新生儿遭月嫂虐待
上海杀妻欲藏尸案二审维持死刑
小白80万上海开面馆6天濒临倒闭
还原东北虎捕杀东北豹搏斗经过
男子养狗被人诈骗320万元
广东汕头一地燕子成群乱飞
儿子诈骗30万母亲只愿退赔9000

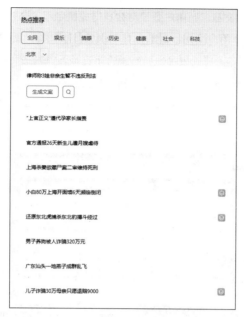

图 7-41

03　选中相关热点标题，即可自动抓取并生成热点文章，此处选择了关于“京雄高速全线通车运营”的热点话题，生成的热点文章如图7-42所示。

输入文案成片
选择文章成片
参考稿源
京雄高速全线通车北京雄安最快1小时可达
交通十二时辰速览 | 京雄高速北京五环至六环段主体完工
新华全媒+ | 京雄高速全线通车运营
生成结果　基于3篇稿源生成
京雄高速全线通车运营，从北京西南五环到雄安新区只需1小时！
12月28日，京雄高速公路北京五环至六环段顺利贯通，至此，京雄高速全线正式实现通车运营。京雄高速是北京连接雄安新区的直通高速公路，主线全长约97公里，其中北京段约27公里、河北段约70公里。这条高速公路的建成通车，将大大提升京津冀地区的交通通行能力，为经济发展注入新的动力。京雄高速全线设有1座特大桥梁、4座高架桥、5座互通立交以及北京市首座陆地高架桥主线收费站——房山北站。作为交通十二时辰的一员，我感到非常自豪，因为这意味着我们能够更加快速、便捷地到达目的地，同时也为我们的国家发展做出了一份贡献。
未来，让我们一起期待更多交通项目带来的便捷和美好。让我们共同见证祖国交通事业的飞速发展，一起迈向更加美好的未来！

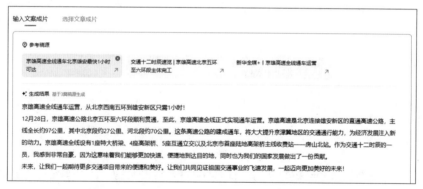

图 7-42

04　如果对生成的文案不满意可以对其手工修改或者“AI润色”。AI自动润色后的文章如图7-43所示。

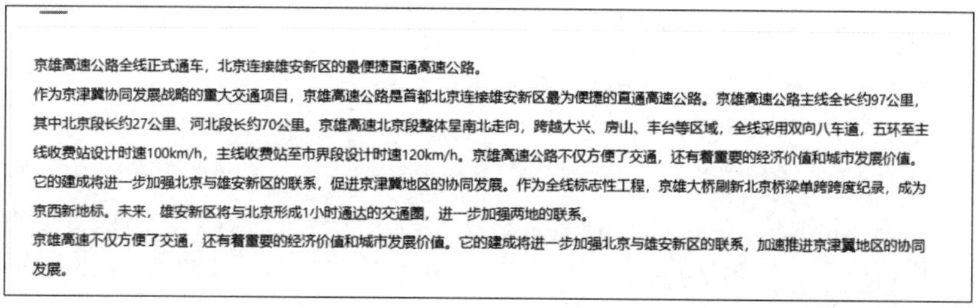

京雄高速公路全线正式通车，北京连接雄安新区的最便捷直通高速公路。
作为京津冀协同发展战略的重大交通项目，京雄高速公路是首都北京连接雄安新区最为便捷的直通高速公路。京雄高速公路主线全长约97公里，其中北京段长约27公里、河北段长约70公里。京雄高速北京段整体呈南北走向，跨越大兴、房山、丰台等区域，全线采用双向八车道，五环至主线收费站设计时速100km/h，主线收费站至市界段设计时速120km/h。京雄高速公路不仅方便了交通，还有着重要的经济价值和城市发展价值。它的建成将进一步加强北京与雄安新区的联系，促进京津冀地区的协同发展。作为全线标志性工程，京雄大桥刷新北京桥梁单跨跨度纪录，成为京西新地标。未来，雄安新区将与北京形成1小时通达的交通圈，进一步加强两地的联系。
京雄高速不仅方便了交通，还有着重要的经济价值和城市发展价值。它的建成将进一步加强北京与雄安新区的联系，加速推进京津冀地区的协同发展。

图 7-43

7.5.2　用腾讯智影生成热点文章

腾讯智影是一款云端智能视频创作工具，它利用大数据分析技术，能精准捕捉热点事件的核心信息和公众关注焦点，从而生成更具吸引力的文章。新用户登录时会获得免费金币，这些金币可用于支付智能工具的费用。但请注意，某些高级功能仅限 VIP 用户使用。目前，"高级会员版"的月费为 38 元，而"专业会员版"的月费则为 68 元。选择适合的会员版本，将能更全面地解锁腾讯智影的强大功能。该工具的具体使用方法如下。

01 进入腾讯智影的首页，注册并登录后，进入如图7-44所示的页面。

图 7-44

02 单击"智能小工具"中的"文章转视频"按钮，进入如图7-45所示的页面。

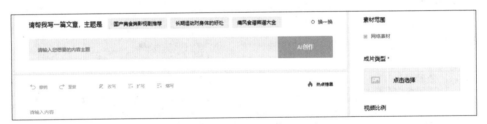

图 7-45

03 单击内容输入框右上角的"热点榜单"按钮，即可看到许多热点话题，热点榜单包括"社会""娱乐""财经""教育""体育""影视综艺"六大类，每个大类实时更新着所选领域的热点信息，并附带热点配文，如图7-46所示。

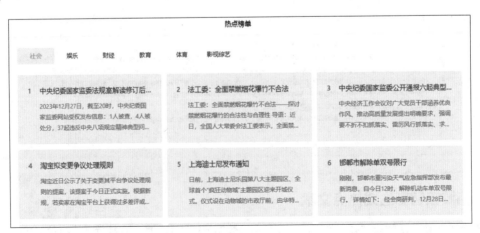

图 7-46

04 选中需要的热点文章，单击"使用"按钮，即可生成文章，此处选择了关于"东方甄选拟出售教育业务"的热点话题，AI生成的相关热点话题文章如图7-47所示。

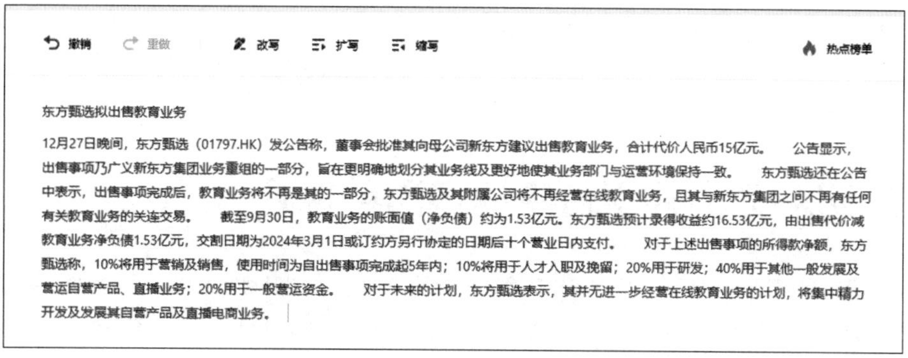

图 7-47

05 如果对生成的热点文章不满意，单击上方的"改写"按钮，或者在上方输入修改意见后单击"AI改写"按钮，即可进行修改。改写后的热点文章如图7-48所示。

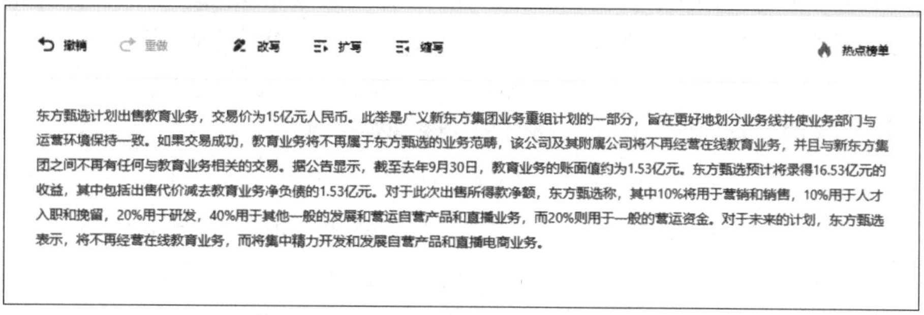

图 7-48

第 8 章

AI 音频生成

8.1 使用AI为海外平台生成多语种视频

将短视频的语言翻译成多种语言对于全球传播、扩大受众范围、提升商业价值、促进教育共享以及增强信息可达性等方面都具有重要意义。这不仅可以使短视频触及更广泛的受众群体，还能有效增加视频的观看量和影响力。然而，传统的人工翻译方式在进行短视频多语种翻译时，往往会受到语言障碍、时间成本高昂以及人力物力投入较大等限制。

幸运的是，随着人工智能技术的不断发展和进步，我们现在可以利用 AI 工具来大批量生成多语种音视频内容。这种方式不仅可以大幅缩短制作周期，节省大量时间和精力，还能显著降低人力成本，提高翻译和制作的效率。接下来，将介绍两款优秀的多语种视频 AI 生成工具，它们将为你的视频翻译和制作工作提供强有力的支持。

8.1.1 用鬼手剪辑（GhostCut）生成多语种视频

鬼手剪辑作为一款先进的视频剪辑软件，凭借其强大的人工智能技术，能够对音视频的各个细节进行精细化处理。这款软件集成了智能去除文字水印、视频翻译、视频擦除以及视频去重等多项实用功能，从而显著提升了视频处理的效率和效果。

在视频语言翻译方面，鬼手剪辑特别提供了两种翻译方式，即通过原视频的语音进行翻译和通过原视频的文字进行翻译。这两种方式各具特色，能够满足用户在不同场景下的翻译需求。接下来，将详细介绍这两种翻译方式的具体使用方法和注意事项，以帮助用户更好地利用鬼手剪辑进行视频语言翻译。

01 进入鬼手剪辑主页，注册并登录后进入如图8-1所示的页面。

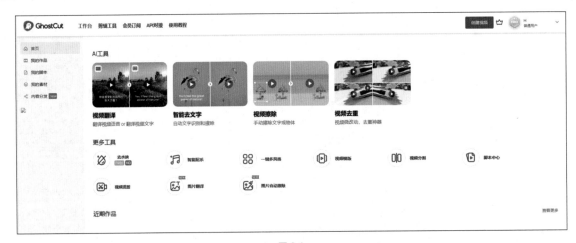

图 8-1

02 单击"视频翻译"按钮，进入如图8-2所示的页面。

图 8-2

03 在右侧编辑区上传所要翻译的视频，如图8-3所示。注意：非会员，仅支持15s以内的视频(小于400MB)，如超出最终生成视频仅保留视频前15s。购买点卡套餐可成为会员。

图 8-3

04 选择翻译视频的语音或者翻译视频的文字，两者的区别在于翻译视频文字无法进行配音，如图8-4所示。接下来选择翻译视频的语音。

图 8-4

05 选择原视频的语种和要翻译的语种，如图8-5所示。

图 8-5

06 选择配音风格，注意鬼手剪辑中无法克隆自己的声音进行翻译，只能选择默认的AI配音，如图8-6所示。

07 根据需求选择"原视频静音"或者"保留背景音"，如图8-7所示。

图 8-6

图 8-7

08 根据需求选择字幕效果，这里设置的字幕效果如图8-8所示。

09 单击左侧的"智能去文字"按钮，如图8-9所示，将原视频的中文字幕去掉。

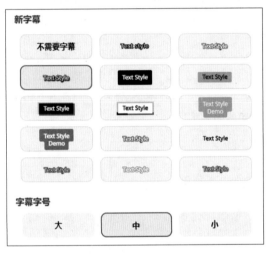

图 8-8

图 8-9

10 根据需求单击"视频去重"和"音乐"按钮，然后单击界面右上角的"提交"按钮，即可生成新视频，生成的新视频如图8-10所示。选择了"智能去文字"功能后，视频的处理速度比较慢。注意：普通用户有9点免费能量使用权，生成每30s视频消耗4点能量。

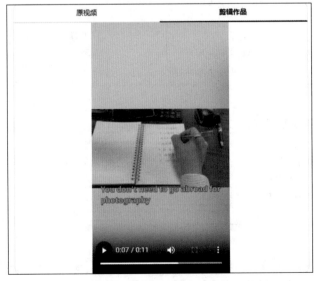

图 8-10

8.1.2　用AI Dubbing生成多语种视频

　　AI Dubbing 是 IIElevenLabs 公司推出的一款智能工具，它融合了 IIElevenLabs 的多语言语音合成、文本及音频处理等多项先进技术。利用这款工具，用户可以将任意一段音频或视频快速翻译为包括中文、英语、葡萄牙语、日语等在内的 29 种语言，从而轻松实现内容的全球化传播。AI Dubbing 的自动化翻译功能极大地简化了视频翻译流程，为用户节省了大量时间和成本。以下是使用 AI Dubbing 进行视频翻译的具体操作步骤。

01　进入AI Dubbing的主页，注册并登录后进入如图8-11所示的页面。

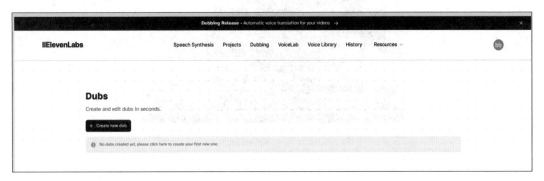

图 8-11

02　单击Create new dub按钮，进入如图8-12所示的页面。

图 8-12

03　在Dubbing Project Name (Optional)文本框中输入配音项目的名称，这一项是可以选填的，此处输入的项目名称如图8-13所示。

04　选择原视频的语言种类以及需要生成的目标语言的种类，在原视频语言中也可以选择Detect选项，由系统进行自动检测，如图8-14所示。

图 8-13

图 8-14

05 上传视频，可以选择从本地上传，也可以从Youtube、TikTok、X (Twitter)、Vimeo等处复制链接上传视频，如图8-15所示。

图 8-15

06 单击Advanced Settings菜单，进行高级设置，包括Number of speakers（讲话人的数量）、Extract a time range for dubbing（提取用于配音的时间范围）等设置。

07 单击Create按钮即可开始创作，如图8-16所示。

图 8-16

8.2 使用AI一键将海量文字转为语音

配音是一种有效的信息传播方式，它能够将文本信息以语音形式迅速、直接地传递给观众，相较于仅依赖视觉文字或画面，更能提升信息的传递效率和理解度。然而，传统的人工配音方式往往耗时耗力，且成本高昂，存在一定的局限性。

随着人工智能技术的不断进步，利用 AI 工具进行文字转语音已成为一种趋势。这种方式不仅显著提高了配音效率，降低了成本，还能满足个性化和多语言的需求，具有广泛的应用前景。接下来，将详细介绍三款优秀的文本转语音 AI 工具，它们将为你的配音工作带来革命性的改变。

8.2.1　利用TTSMAKER进行文字转语音操作

TTSMAKER（马克配音）是一款功能强大的免费文本转语音工具，它提供高质量的语音合成服务，支持包括中文、英语、日语、韩语、法语、德语、西班牙语、阿拉伯语等在内的 50 多种语言。此外，TTSMAKER 还提供了超过 300 种独特的语言风格，让用户能够轻松地将文本内容转换为生动、多样的语音表达。无论是制作视频配音、有声书朗读，还是下载音频文件用于商业用途，TTSMAKER 都能满足你的需求。通过使用 TTSMAKER，可以大幅度节省时间和经济成本，提升工作效率。以下是使用 TTSMAKER 进行文本配音的具体操作步骤。

01　进入TTSMAKER主页，如图8-17所示。

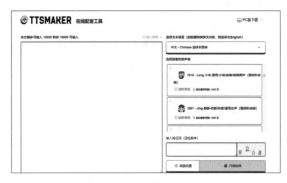

图 8-17

02　TTSMAKER单次支持最多10000字符的文字配音，每周免费额度为30000字符，足以满足日常配音的需求。在"选择文本语言"下拉列表中选择"中文-Chinese简体和繁体"后，单击"试听音色"按钮，可以挑选适合的音色进行使用，如图8-18所示。

03　此处选择在短视频配音中最常听到的"阿伟"音色，将准备好的文案复制到文本框内，如图8-19所示。

图 8-18

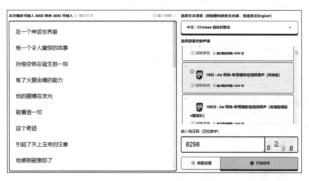

图 8-19

04　单击界面右下方的"高级设置"按钮，打开"试听模式"，开始转换按钮会增加"试听50字模式"选项，高级设置部分的页面如图8-20所示。

05　单击"开始转换"按钮，可以对文案前50字进行试听，而且试听之后的文件可以在转换记录中查询，如图8-21所示。

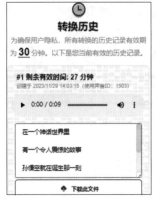

图 8-20   图 8-21

06 调节完成后，关闭"试听模式"，再次单击"开始转换"按钮，即可选择文件下载导出，如图8-22所示。

图 8-22

需要注意的是，所有音频文件的有效期仅为 30min，超过该时间后，系统将自动删除这些文件。因此，在使用过程中，请务必及时下载所需文件，以避免因文件过期而造成麻烦。

此外，文件下载默认采用 MP3 格式。若有其他文件格式的需求，可以在"高级设置"中选择"选择下载文件格式"和"音频质量"进行相应调整。确保在进行下载前，仔细检查并确认所需的文件格式和质量设置。

8.2.2　利用Fliki进行文字转语音操作

Fliki 是一款高效的文本到语音和文本到视频的 AI 转换器，它的核心功能与剪映中的"智能文案"和"文字成片"类似。使用 Fliki 异常便捷，用户只需输入想要转化的文字内容，选择合适的视频模板和音频配音，即可轻松生成高质量的音频和视频文件。在医疗、教育、客服等领域，利用 Fliki 进行文字转语音，能够实时生成语音播报，从而大幅节省人力成本，减轻工作人员的负担。以下是 Fliki 的具体操作步骤。

01 进入Fliki首页，单击log in按钮填写国内邮箱并注册即可登录，登录成功后进入主界面，如图8-23所示。

图 8-23

02 点击New file按钮，即可建立新的项目。第一栏，可以选中Video单选按钮，制作类似图文成片的效果，也可以选中Audio only单选按钮，制作音频文件；第二栏选项分别是"语种"和"方言"类型；第三栏添加视频名称；第四栏选择音频文案开始的类型。此处制作音频文件，具体项目的设置如图8-24所示。

图 8-24

03 单击Submit按钮，进入如图8-25所示的页面。

图 8-25

04 添加合适的背景音乐，并在Start writing文本框中填入相关文本。在右侧菜单中可以调节语音的音量和速度，此处选择的背景音乐和添加的相关文本如图8-26所示。

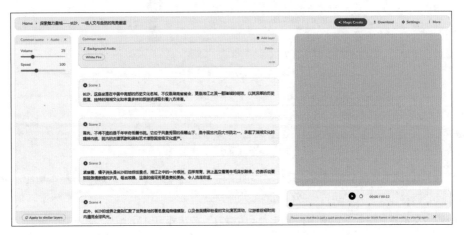

图 8-26

05 单击文本框上方的Voiceove按钮，选择需要配音的语言及合适的音色，此处具体的选择如图8-27所示。

图 8-27

06 单击下方的Select按钮即可生成语音，语音生成后单击上方的Download按钮，即可将语音下载到本地。

8.2.3 利用NaturalReader进行文字转语音操作

NaturalReader 是一款功能纯粹的文字转语音工具，既支持客户端使用，也提供网页版服务。利用 NaturalReader，用户可以将文本内容快速转换为语音，从而有效降低时间成本，大幅提升短视频创作的效率。以下是使用 NaturalReader 进行文本转语音的具体操作步骤。

01 进入NaturalReader的首页，单击右上角for free按钮，即可进行下一步操作，如图8-28所示。

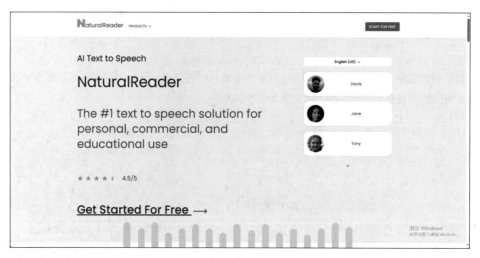

图 8-28

02 NaturalReader的主界面非常简洁，只有"添加文件""选择语言""倍速"等基本功能，单击上方"头像"可以对"语种""语言"进行修改，如图8-29所示。

03 将需要朗读的文本复制进入文本框内，单击"蓝色播放"按钮即可进行播放，单击右上角的CC按钮，会在屏幕下方实时显示当前朗读的文段，如图8-30所示。

图 8-29

图 8-30

04 单击add按钮，可以选择添加PDF格式书籍，导入PDF文件后，其语音生成速度并不会因为PDF文件过大而受到影响，生成的文件同样支持在线预览，如图8-31所示。

图 8-31

> **提示**
>
> 　　NaturalReader提供免费的无登录试用版，用户可享受20min的免费试听时长。若需通过网站下载更多内容或使用更多功能，则需要注册登录成为会员后方可使用。

　　在 NaturalReader 的功能区，单击 More 按钮，即可打开其内置的 AI Voice Generator 功能，其界面如图 8-32 所示。AI Voice Generator 通过对话框的形式进行语音转换，单个对话框支持最多 4000 字节的文本输入，并且最多可同时处理 20 个对话框。用户只需在文本框内输入文字，即可进行试听。这一功能为用户提供了便捷、高效的语音转换体验。与 NaturalReader 相同的是，同样不支持免登录下载，用户需要登录。

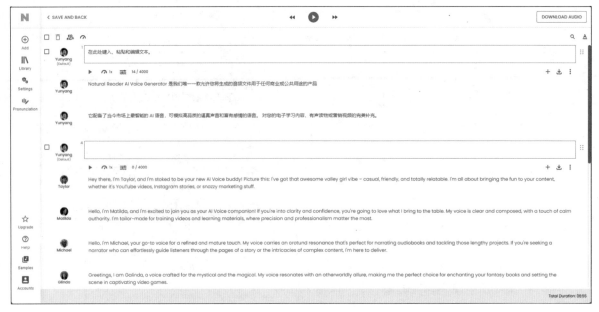

图 8-32

8.3　使用AI生成个性化歌曲

音乐，作为情感的载体，具有独特的魅力。当一首歌曲与视频内容的主题和情感色彩完美契合时，它能够迅速触动观众的情感，引发共鸣，使他们更深入地被短视频吸引并建立情感连接。然而，对于大多数人来说，创作一首完整且富有个性的歌曲是一项极具挑战性的任务。

幸运的是，随着人工智能技术的不断进步，我们现在可以利用 AI 来生成个性化的歌曲，既简单又方便。AI 不仅能够学习和融合各种音乐风格，还能跨越文化和语言的障碍，创造出既具有创新性又能满足观众审美需求的多元化作品，为短视频创作注入新的活力。

接下来，将介绍 3 款优秀的个性化歌曲 AI 生成工具，它们将帮助你轻松创作出与视频内容完美匹配的音乐作品，让你的短视频更加出彩。

8.3.1　用唱鸭生成个性化歌曲

唱鸭是一款功能全面的 AI 自动作曲软件，它集成了 AI 辅助作词、AI 自动作曲、编曲、混音等多项强大功能于一身。用户还可以上传自己的声音，生成独具特色的虚拟歌手。利用唱鸭，用户可以轻松生成个性化的歌曲，事半功倍，享受音乐创作的极大便利。以下是使用唱鸭生成歌曲的具体操作步骤。

01　打开唱鸭App，进入首页，如图8-33所示。

02　点击屏幕上方的"AI写歌"按钮，再点击"去写歌"按钮，进入创作歌词界面，在"创作歌词"文本框中输入提示词，在"自定义音乐元素"文本框中输入音乐类型，如图8-34所示。

图 8-33

图 8-34

03　试听AI歌手声音，这里选择"文栗"作为创作歌手，选择歌手板块如图8-35所示。

04　点击"生成歌曲"按钮，即可生成音乐，创作生成歌曲可在"当前创作任务"列表中查看，在音乐试听界面点击"编辑"按钮可以对音频中人声部分和伴奏部分分别进行调整，如图8-36所示。不同于英文软件，我们需要通过对BPM数值的调整以及各种复杂的英文提示词来进行曲风的更改，这里只需要点击"唱高""唱低""变快""变慢"按钮，即可完成歌声的修改。

图 8-35

图 8-36

05　在"编辑"界面，点击"唱高些"和"换些乐器"按钮来尝试不同的音乐效果，如图8-37所示。

06　音频调整后，可以使用"编辑"旁边的"魔法棒"工具进行"AI一键微调"，如图8-38所示。

图 8-37   图 8-38

07 确定最终音频效果后，点击"发布当前作品"按钮进行"AI一键生成MV"，如图8-39所示。

08 点击"发布"按钮，等待AI软件合成，即可在MV下方进行分享或者保存，如图8-40所示。

图 8-39   图 8-40

8.3.2 用ACE Studio生成个性化歌曲

　　ACE Studio 是由北京时域科技推出的一款先进的音乐合成工具。该系统提供多种音乐类型及不同语言的 AI 歌手选项，以满足用户在歌曲制作方面的多样化需求。其独特的 AI 演唱参数控制功能，如呼吸、气声、假声等，使生成的 AI 歌声真实度极高，几乎可以与真人演唱相媲美。通过 ACE Studio，用户可以轻松生成个性化的歌曲，从而大大缩短了传统音乐创作所需的时间周期。接下来，将通过功能介绍和具体操作两个方面，对 ACE Studio AI 进行详细的阐述。

01 进入ACE Studio首页，下载、安装请启动ACE Studio软件，如图8-41所示。

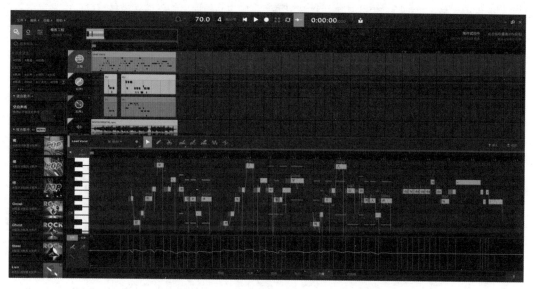

图 8-41

02 在软件左上方，单击"话筒"图标选择歌手，上方为"原声语言"和"标签"，下方为该选项下对应的AI 歌手，如图8-42所示。选择对应标签，在下方出现该种类标签下所有的AI歌手，单击下方AI歌手头像可以 查看其声音特点，将AI歌手拖曳进入右侧轨道面板可以选择其声音主次位置，如图标注位置，此处选择 Growl作为主唱。

03 先了解ACE的基本面板和操作功能，上方为轨道控制功能区，默认分为"主唱""和声1""和声2"和"音 频轨道"，单击下方空轨道可以添加轨道设置，如图8-43所示。

图 8-42

图 8-43

04 选择轨道中已添加的声音轨道，如这里选择之前添加的Growl主唱声音，在下方"声线种子"中选择种子进行混合，如图8-44所示。

05 在"音色"和"唱法"中调节3种声线的数值，数值较大者则会在接下来合成的声音中占据主要位置，虽然此种方式需要大量调整试听，但此功能可以在AI声音制作方面表现出差异性，还是值得去反复尝试。拖动中间的滑块可以分别对"音色""唱法"进行调整，调整完成后，单击另存为按钮，即可制作专属声线AI歌手，如图8-45所示。

图 8-44　　　　　　　　　图 8-45

06 采用同样的方法还可以对"和声歌手"进行调整，这里选择只保留和声中主音唱法，降低其音色表现，得到音色不同的相同演唱风格，如图8-46所示。

07 下方音频工作区上方对应"音阶"与"歌词"，下方对应"整体音频参数"。上方窗口显示"歌词"及对应"音阶"，"方块"对应歌词部分，线条对应音调的升高或降低，如图8-47所示。

 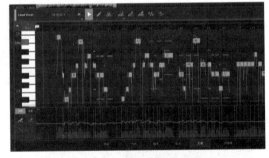

图 8-46　　　　　　　　　图 8-47

08 在音频操作工具栏中，主要包括"鼠标""画笔""剪刀"3项功能，与常规剪辑软件功能相似，如图8-48所示。使用"音符画笔"工具单击对应歌词，然后单击更改目标音域，即可完成所选歌词音域的调整；"音符剪刀"工具类似剪辑中的"切割工具"，可将歌词音符进行切割；"音高画笔"工具可调节声音曲线，对应音频曲线升高，音调则升高；"固定笔刷""橡皮"工具可以对声音虚实进行修改，使整个片段表现一致；"颤音""平滑"工具可以改变歌词的唱音方式。

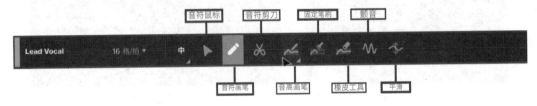

图 8-48

ACE Studio 的基本使用方法如下。

01 以现有轨道示例，单击原轨道内的歌词，出现"拓展"图标，如图8-49所示。

02 单击"拓展"图标，出现"填充音符"界面，将修改后的歌词填充至文本框内，选中"跳过延音符"和"顺延歌词填充"两个复选框，如图8-50所示。注意：只在此次演示中选中"跳过延音符"复选框，实际操作中默认保留延音符，以免影响歌词呈现。

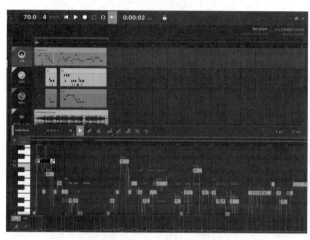
图 8-49

图 8-50

03 单击√按钮后，歌词按照原格式依次填入歌词框内，其中方框中灰色区域为辅音词，可以简单理解为音的长短，拖动灰色方块，可以将歌词声音拉长，如图8-51所示。

图 8-51

04 除此之外，可以单击歌词上方的"声韵母"图标，改变歌词的音调，需要注意的是声韵母需要在中间用空格隔开，以免AI识别错误，如图8-52所示。

图 8-52

05　修改完成之后即可使用工具栏中的工具对声音进行整体修改，单击下方的声音选项还可以让声音更加拟人，例如，这里选择"力度"选项对音频中歌词的部分音调进行升高，如图8-53所示。

图 8-53

06　单击右上方的"新建工程"按钮，按照之前步骤将处保存的AI歌手拖入歌手轨道，单击"导入音频"按钮，导入一段纯背景音乐音频素材，如图8-54所示。

图 8-54

07 单击歌手轨道，双击"音符"对应的区域，即可创建"歌词"文本，按照之前的步骤进行歌词调整，如图8-55所示。

08 文件完成后，单击右上角的"文件"按钮可以保存为工程文件或导入AU等专业音频剪辑软件进行编辑，也可以直接以音频文件的形式导出，如图8-56所示。

图 8-55

打开工程	
新建工程	Ctrl+N
保存工程	Ctrl+S
另存工程 ▶	Ctrl+Shift+S
打开最近工程	▶
导入	▶
导出音频	Ctrl+Shift+R
导出MIDI/Utaformatix 工程	Ctrl+Shift+E
偏好设置	

图 8-56

作为 AI 歌曲制作平台，ACE Studio 的操作划分更为细致，这在一定程度上增加了其操作难度，相较于其他软件而言，用户需要投入更多的时间和精力去熟悉和掌握。然而，正是这种细致入微的操作设计，为 ACE Studio 带来了更多的可能性和潜力。未来，ACE Studio 不仅有望成为专业音乐人的首选平台，更有可能借助 AI 的力量，推动歌曲制作的革新，使之成为音乐界的一种全新且流行的输出方式。

8.3.3　用SUNO生成个性化音乐

SUNO 是 Suno 公司构建的同名基础音频人工智能软件，它内置的 AI 模型能够生成高度逼真的语音、音乐和音效。无论是在游戏、社交媒体还是娱乐等领域，SUNO 都能提供极具个性化、互动性强且吸引人的体验。利用 SUNO 生成个性化音乐，不仅可以大幅提升音乐创作的灵活性和效率，还能为使用者带来更加丰富和独特的音乐体验，从而更好地服务于短视频创作。以下是使用 SUNO AI 生成个性化音乐的具体操作步骤。

01 进入SUNO的主页，注册并登录后，点击Try the Beta按钮即可进入操作界面，新用户完成注册赠送50学分以供创作学习使用，如图8-57所示。

图 8-57

02 单击Create按钮，在歌曲描述框内输入歌词内容，如这里输入drill hiphop，除此之外不加任何描述，单击右下角的Create按钮，得到歌词伴奏齐全的歌曲，AI根据音乐风格提示词自动生成合适的伴奏和贴近风格的歌词，如图8-58所示。

图 8-58

03 网页版的部分功能可能会因为网站问题出现无法使用的情况，这时可以在discord上加入SUNO频道，添加SUNO BOT 使用其功能，如图8-59所示。

图 8-59

04   点击discord对话框，输入"/"可以向机器人发送命令需求，这里在对话框内选择/chirp指令，如图8-60所示。

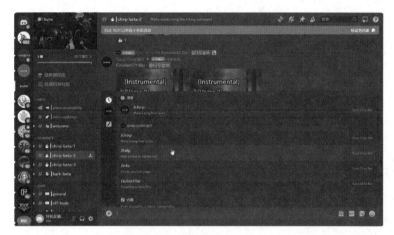

图 8-60

05   在SUNO BOT 反馈回的编辑窗口中，在第一栏中填写音乐类型，在第二栏中填写歌词，这里选择"中国古风类型"并输入"水调歌头"部分歌词，如图8-61所示。

图 8-61

06   SUNO BOT在完成之后会反馈两个Disco风格的音频预览，点击播放按钮即可进行试听下载，如图8-62所示。

图 8-62

8.4 使用AI克隆自己的声音并批量生成原声视频

随着抖音、快手、B站等短视频平台的迅猛发展，对内容的需求呈现爆炸性增长。为了满足这一需求，批量生产的原声视频成为创作者们快速填充内容库、抢占流量红利的有效手段。通过实现多平台、多账号的同步运营，创作者能够更广泛地触达观众，尤其适用于有大量更新需求的账号或团队，如教育、娱乐、新闻资讯等领域。在这一背景下，AI工具的出现为视频制作带来了变革。通过预先准备好的脚本，再利用声音克隆技术，创作者可以一次性完成多个视频的内容制作，极大地节省了人力和时间成本。接下来，将介绍两款优秀的AI声音克隆工具，它们将助你一臂之力，在短视频领域大放异彩。

8.4.1 用Rask克隆自己的声音

Rask是一款前沿的视频翻译和配音工具，凭借先进的人工智能技术，它成功集成了"文字转语音"和"语音克隆"等独特创新功能。这款工具不仅能自动将视频内容翻译成多种语言，还能自动进行配音或精确克隆原声，彻底省去了聘请专业配音演员的麻烦。创作者通过使用Rask克隆自己的声音，能够高效批量生成原声视频，从而显著降低人力和时间成本。这使创作者可以将更多精力集中在内容创意和策略上，以创作出更优质的作品。以下是使用Rask进行声音克隆和视频生成的具体操作步骤。

01 进入Rask首页，注册并登录后进入如图8-63所示的页面。

图 8-63

02 点击Upload video or audio按钮（上传视频或音频进行翻译），进入如图8-64所示的页面。

03 点击Click to choose a file or drag and drop it here按钮（点击以选择文件或将其拖放到此处），上传的文件支持mp4、mov、webm、mkv、mp3、wav格式，上传后的界面如图8-65所示。

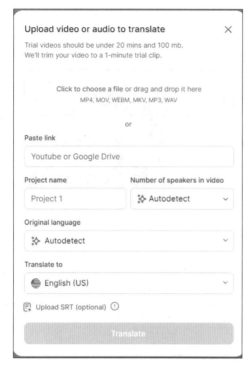

图 8-64

图 8-65

04 点击Project name文本框，填写项目名称，如图8-66所示。

05 点击Number of speakers in video文本框，填写发言者的数量，可以设置成Autodetect让系统自动检测，如图8-67所示。

图 8-66

图 8-67

06 点击Original language下拉列表，选择原视频的语言，一般选择Autodetect选项，最后选择所要翻译成的语言，这里选择原视频翻译的语言为英语，如图8-68所示。

图 8-68

07 点击Translate按钮，翻译完成后进入如图8-69所示的页面。AI在翻译的过程中把相机型号S5M2翻译成了S-M-M-II，这需要人工干预对翻译出来的文字进行修改。修改完成后点击下方Save按钮重新翻译文字。注意，普通用户有3次免费生成的机会。

图 8-69

08 在右侧编辑区点击Lip-Sync beta按钮，可以让视频中的讲话者的嘴巴动作与翻译后的声音相匹配，以获得更好的配音效果。

09 点击右侧编辑区下方的Speakers voices图标，选择讲话者的声音风格，选择Clone选项，使用原视频讲话者的声音来克隆原视频声音。除此之外，还包括系统自带的9种声音，如图8-70所示。

10 选择配音风格后，点击Redub video按钮，重新配音需要重新对视频进行更改。

11 视频修改完成后，选择保存的视频类型，点击Download按钮保存视频，如图8-71所示。

图 8-70

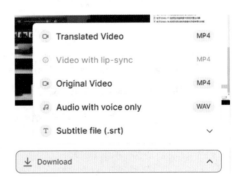

图 8-71

8.4.2 用Speaking克隆自己的声音

　　Speaking 是一款基于大语言模型技术实现文本到语音转换的先进工具，它能够以自然的情感进行对话，并具备出色的语音克隆功能。通过精准捕捉上传音频的音调、音高等特征，Speaking 能够完美克隆并复制使用该声音。用户只需上传短短十秒的人声音频，便能获得与之极为相似的语音克隆效果。以下是使用

Speaking 进行语音克隆的具体操作方法。

01　进入Speaking AI首页，单击右上角登录邮箱账号，再点击画面中的try for free按钮即可，如图8-72所示。

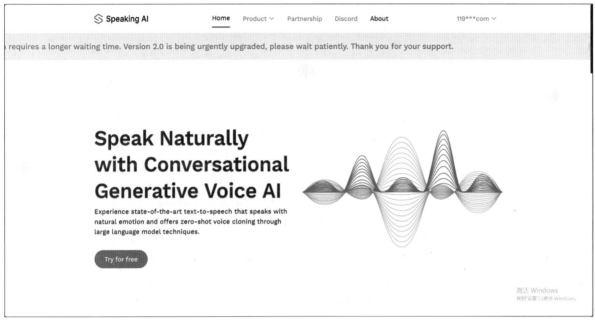

图 8-72

02　在声音选项中，Speaking提供了5位名人克隆声音，点击左侧名人图标，并在右侧文本框内输入文字即可进行试用，如图8-73所示。需要注意的是，目前文本仅支持英文和中文，单次输入上限为50字。

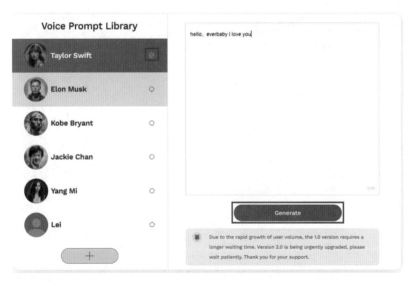

图 8-73

03　单击声音选择下面的+按钮，即可上传声音进行克隆。

04　单击左侧的record按钮可以在线录制10s音频，单击右侧select file按钮，可以上传小于10MB的文件，如图8-74所示。

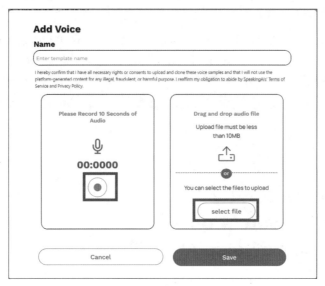

图 8-74

05 输入语音名字，单击Save按钮保存之后，即可在左侧语音选择中使用此克隆声音进行操作。

06 生成速度受文字字数以及计算机配置的影响，时间过长需要等待，并且每天使用的免费次数有限，所以要把控声音克隆的字数，最终生成音频将在工作区下方显示，单击试听，确认无误即可下载，如图8-75所示。

图 8-75

8.5 使用AI生成个性化背景音乐

背景音乐在视频中扮演着至关重要的角色，它能够增强视频的情感表达，帮助观众更深入地理解和感受视频内容中所传递的喜怒哀乐。同时，背景音乐还能有效地烘托场景气氛，提升短视频的故事性和表现力。虽然剪辑软件中提供了许多风格迥异的默认背景音乐选项，但为了满足更加个性化的需求，我们可以借助人工智能的力量来制作独特的背景音乐。接下来，将介绍几款出色的 AI 个性化背景音乐生成工具，它们将为你的创作提供无限可能。

8.5.1 用Stable Audio AI生成背景音乐

Stable Audio 是知名开源平台 Stability AI 推出的一款音频生成式 AI 产品。用户只需通过简单的文本提示，即可轻松生成包括摇滚、爵士、电子、嘻哈等在内的 20 多种类型的背景音乐。例如，输入"迪斯科"或"鼓机"等关键词，Stable Audio 便能迅速生成相应的背景音乐。该产品提供免费和付费两个版本，其中免费版用户每月可生成 20 首音乐，每首音乐的最大时长为 45s。以下是使用 Stable Audio 生成背景音乐的具体操作步骤。

01 进入Stable Audio首页，左侧为工作区，右侧上方为预览区，右侧下方为文件存储区，右上方显示剩余音乐生成数量，如图8-76所示。

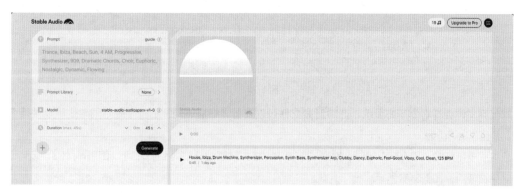

图 8-76

02 左侧功能区分别对应"文本区""曲风""模型"和"生成时长"，在文本区内输入提示词，也可以在"曲风"选项中选择"曲风"，然后进行修改，将"生成时长"设定为15s，如图8-77所示。

03 单击功能区下方的+按钮，可以对声音呈现效果进行预设调节，单击对应选项，将会在功能区显示以供调整的参数，如图8-78所示。

图 8-77

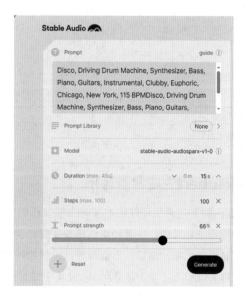

图 8-78

04 生成完成之后，即可在右侧上方预览区进行查看，画面标注位置由左到右分别对应"再次生成""复制提示词""调整输入强度"3项功能，如图8-79所示。

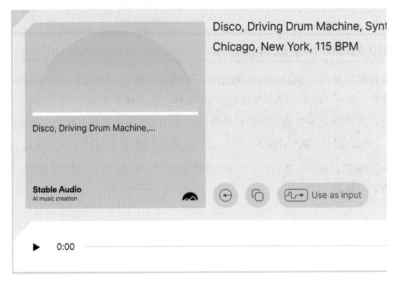

图 8-79

05 生成音频文件会在右侧下方显示，选中音频文件可以查看详细描述词并进行修改，同时也可以进行下载或分享，如图8-80所示。

06 下载格式支持MP3、WAV及Video 格式，其中WAV格式需要注册成为会员才可以使用，MP3以及Video格式可以免费使用，如图8-81所示。

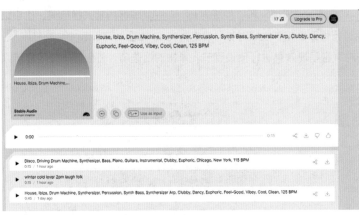

图 8-80   图 8-81

8.5.2　用Mubert生成背景音乐

Mubert 是一款利用人工智能技术实时生成音乐的工具，它不仅可以协助客户进行歌曲创作，还提供多种功能以满足不同需求。其中，主要功能包括根据提示词生成音乐素材，以及通过链接地址提取音乐进行分析。用户可以根据预设的风格、情绪、节奏等参数，轻松地在短时间内生成多种风格和长度的背景音乐，从而为短视频增添丰富度和吸引力。以下是使用 Mubert 生成背景音乐的具体操作步骤。

01 进入Mubert首页，注册并登录。首页上方为功能区，下方为热门音乐及热门艺术家，如图8-82所示。

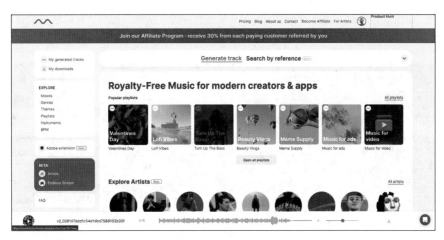

图 8-82

02　单击Generate track链接进入创作界面，包括"提示词""创建选择""创建时长"文本框。单击"文本框"下方的or choose按钮可以对音乐情绪、音乐类型进行调整，如图8-83所示。

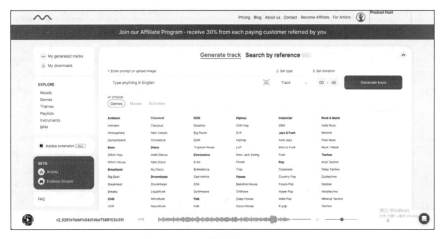

图 8-83

03　在"提示词"文本框中输入drill hiphop Source: 4 bass piano，在Set type列表中选择track音轨，时长选择1:30，如图8-84所示。

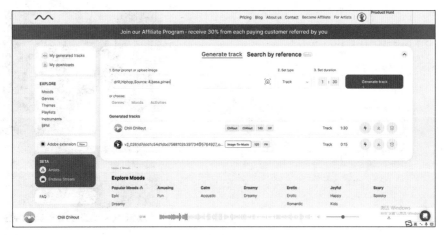

图 8-84

04 生成完成后，单击下方管理区便可进行试听，单击功能区中的"闪电"图标，可以生成类似风格的音乐，如图8-85所示。

图 8-85

05 按照此类型再次生成音频，此时轨道上依次有4个音频，带有remix标志的1:50视频便是新生成的音频，下方带有Text to Music的是"提示词"生成音频功能，带有Image to Music的是图片生成音频功能，如图8-86所示。

图 8-86

06 对Image to Music进行效果测试，单击文本框中的"相机"按钮，添加图片，如图8-87所示。

07 为了确保最终呈现质量，推荐使用情绪较为明显的照片进行尝试，这里使用著名摄影作品"胜利之吻"进行尝试，如图8-88所示。

图 8-87

图 8-88

08 修改时间为00:30，点击生成，最终生成的效果较为轻松、愉快，单击"闪电"图标，将其扩展至1:30，两者数据对比，其音乐节奏保持不变，上升半个音调，如图8-89所示。

图 8-89

09 最后单击音频中Agree and download按钮，根据对话框消息得知，需要标注视频链接地址才可以进行下载，如图8-90所示。

图 8-90

第 9 章

AI 视频生成

9.1 使用AI一键由图片生成视频

随着人工智能技术的不断进步，短视频创作变得越来越便捷。现在，利用 AI 视频生成工具，使用者只需简单地输入文案，便能快速生成视频。接下来，将介绍几款优秀的 AI 工具，它们能够一键将图片转化为视频，极大地提升了视频制作的效率。

Runway 是文字生成视频和图片生成视频领域的人工智能领军者。它支持通过文字提示生成视频，也能将图片转化为视频。随着产品的不断迭代升级以及横向领域的拓展，Runway 内置的功能愈发丰富，生成结果的稳定性、可控性以及细节描述能力也在逐步提升。

具体操作如下：首先，访问 Runway 首页，并完成账号注册和登录。新用户注册完成后将获得 525 积分，每生成 1s 视频将消耗 5 积分。其主界面布局如图 9-1 所示。

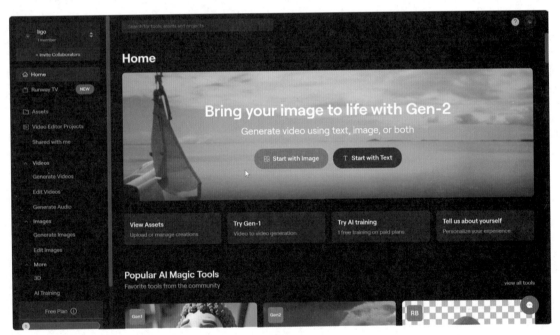

图 9-1

1. 以文本生成视频

以文本生成视频的具体操作步骤如下。

01 Home界面的两个选项分别对应"图片生成视频"以及"文本生成视频"，单击Start with Text按钮，选择文本生成功能，如图9-2所示。

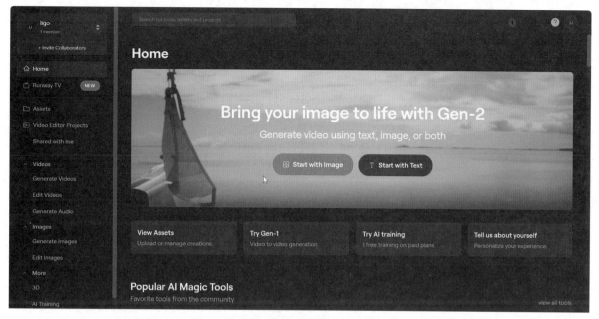

图 9-2

02　进入主要功能区，先简单了解功能区各项功能及参数，上方选项分别对应"文本生成""图片生成""图片+描述生成"3项主要功能，其下方为指令文本框，最下方为功能调节选项，AI调整生成视频质量、视觉效果调整、动态笔刷功能以及风格添加功能，如图9-3所标示。

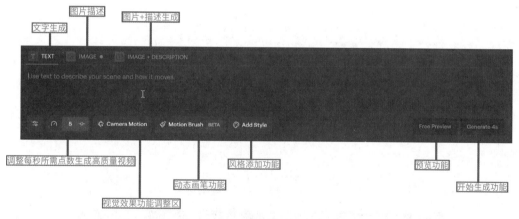

图 9-3

03　在文本框内输入描述词进行视频生成，可借助翻译软件将提示词翻译为英文，这里输入了一段关于古代田园人居的描述，如图9-4所示。

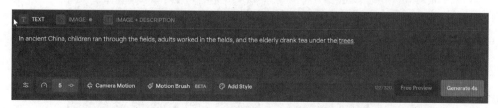

图 9-4

04　生成视频中可以看到，视频提取到了"古代""人""树"等关键词，但在4s的展现中只出现了简单的走动效果，如图9-5所示。

图 9-5

2. 以图片生成视频

以图片生成视频的具体操作步骤如下。

01 接下来尝试图片生成视频功能，导入准备好的图片，也可以在Midjourney等AI图片生成网站上根据提示词生成所需图片，如图9-6所示。

图 9-6

02 单击Start with Image按钮，将生成图片上传，单击Generate 4s按钮，如图9-7所示。

图 9-7

03 经过系统AI渲染，人物之间产生动作互动，背景树叶出现飘动效果，AI加重了原本在图片中出现的"漫画效果"。AI图片生成视频的初版效果，如图9-8所示。

图 9-8

04 现在进行强度调试，将强度提升至8，所得效果视频动态更加丰富，但人脸部分也会变化，如图9-9所示。

图 9-9

05 在第一轮尝试的过程中推测，图片生成视频效果可能是因为AI生成视频对写实结合漫画风格图片演练不足导致的，这里重新导入一张由Midjourney生成的"国风"类型图片进行测试。将此图片导入IMAGE选项中，其他强度保持不变，生成效果如图9-10所示。

图 9-10

06 在图片风格统一的情况下，画面生成效果更加稳定，羽毛位置有了轻微动画效果。将强度调整为8，再次生成，翅膀增添了"飞翔"的视觉效果，而且阴影部分的细节更加丰富，如图9-11所示。

图 9-11

3. 图文生图

图文生图的具体操作步骤如下。

01 选择没有面部特征的图片进行尝试，这里将一幅描绘"情侣并肩前行"的图片导入IMAGE+DESCRIPTION中，输入提示词"缓慢前行并靠在一起"，保持默认强度及其他参数，单击Generate 4s按钮，如图9-12所示。

图 9-12

02 在此强度下，画中人物缓慢牵手前行，基本符合描述，但画面仍然存在瑕疵，人物腿部位置还是出现了变形的情况。将强度调整为8，单击再次生成，画面光影细节更加丰富，水面出现雾气效果，画面整体细节增强了，如图9-13所示。

图 9-13

4. 动态笔刷

　　"动态笔刷"功能能够实现在画面中对局部区域进行运动处理的效果。用户只需使用笔刷覆盖所需移动的物体，并调整其运动方向和效果，即可让画面中的物体按照指定的路径进行移动。这一功能为视频编辑和动画制作提供了更加便捷和高效的操作方式。具体的操作步骤如下。

01　在工作区单击Motion Brush按钮，上传素材图片，使用笔刷工具将车辆覆盖，如图9-14所示。

图 9-14

02　在y轴移动上选择向下运动的视觉效果，单击Save按钮，如图9-15所示。

图 9-15

03 生成后查看效果，画面视觉中心的车辆向下运动直至出画，但在最终的生成视频中后方车辆也跟随视觉车辆前进运动，如图9-16所示。

图 9-16

04 单击IMAGE-DESCRIPTION链接添加描述，通过提示词控制只有一辆车完成运动，视频效果如图9-17所示。

图 9-17

05 更换图片素材再次按照前几步进行操作，用动态笔刷绘制汽车前行的动态效果，汽车匀速向前运动，并且没有产生任何变形，如图9-18所示。

图 9-18

　　通过使用当前版本的 RUNWAY 免费版各项功能，我们可以发现在处理画面元素相对简单的素材转换方面，其表现相当出色。虽然一些运动效果可以轻松实现，但为了达到理想的呈现质量，可能需要进行多次调整。值得注意的是，文字描述功能在 RUNWAY 中并不占据主导地位，视频生成主要还是依赖 AI 技术。并且，随着强度的提升，AI 在生成过程中的主导比重也会相应增加。

　　因此，在使用过程中，为了确保最佳效果，我们需要确保素材文件的画面元素与文字描述保持一致。同时，利用动态画笔和视觉控制工具进行多次细致的调整也是必不可少的。只有这样，我们最终才能获得令人满意的生成效果。

9.2　使用AI数字人

　　与真人拍摄和后期制作团队的高昂成本相比，AI 数字人的使用成本明显较低。尤其对于需要频繁更新内容或进行多风格切换的场景来说，AI 数字人能够显著节省人力和物力资源。随着人工智能技术的持续进步，AI 数字人正朝着更加完善的方向发展，为我们带来了极大的便利。接下来，将介绍两款优秀的 AI 数字人工具。

9.2.1　用智影数字人创作视频

　　腾讯智影，这款强大的工具我们之前已有所提及，其核心概念——"智影数字人"为用户带来了前所未有的独特体验。现在，让我们深入探索腾讯智影中的这一核心功能："智影数字人"。该功能不仅提供了丰富多元的风格选择，还具备令人惊叹的形象克隆能力。用户只需上传一些个人图片和视频素材，便能轻松拥有一个与真人形象极为相似的数字分身，操作简便，使用方便。

　　接下来，将重点介绍其数字人播报功能。这一功能充分利用了智影数字人的技术优势，可以模拟真人的播报方式，为用户提供更加生动、真实的播报体验。无论是新闻报道、产品介绍还是其他需要播报的场合，数字人播报功能都能大放异彩，成为吸引观众眼球的亮点。

1. 数字人播报

腾讯智影中的"数字人播报"功能是一项创新的技术,它能够通过数字人将 PPT 中的内容以视频的形式生动地讲述出来。用户既可以选择使用平台提供的固定数字人形象,也可以选择自定义上传,创建独一无二的数字人形象进行播报。这一功能为用户提供了更加灵活多样的内容呈现方式,具体的操作步骤如下。

01 进入腾讯智影主页,单击"数字人播报"按钮,进入如图9-19所示的页面。

图 9-19

02 单击左侧菜单中的"PPT模式"按钮,上传PPT,如图9-20所示。

图 9-20

03 单击左侧菜单中的"数字人"按钮,会看到有"预制形象""照片播报"两大板块,如图9-21所示。"预制形象"板块是自带固定的,只能被动挑选;"照片播报"板块可以自定义上传图像。

图 9-21

04　"预制形象"分为"2D数字人"和"3D数字人",这里的数字人和"视频剪辑"中的数字人形象是一致的,有59种2D形象数字人,6种3D形象数字人,如图9-22和图9-23所示。

05　单击"照片播报"链接,有"照片主播"和"AI绘制主播"两种选择。"照片主播"可以选择热门主播推荐,也可以选择从本地上传照片,如图9-24所示。

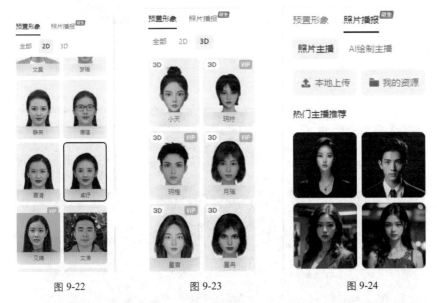

图 9-22　　　　　　　　　　图 9-23　　　　　　　　　　图 9-24

06　单击"AI绘制主播"按钮,在文本框中输入想要的主播形象,然后单击"立即生成"按钮即可生成图像,输入"长头发小女孩"的文本后生成的图像如图9-25所示。

图 9-25

07 完成数字人选择后，会在画面中预览（预览的只是静态图，动态效果只能在合成视频后才可以查看），根据预览调整数字人的位置、大小和服装类型。选择2D形象下，名叫"明泽"数字人后的画面预览如图9-26所示。

图 9-26

08 根据需求添加"背景""贴纸""音乐""文字"，单击右上角的"合成视频"按钮，合成效果如图9-27所示。

图 9-27

9.2.2 用HeyGen数字人进行创作

HeyGen，作为 AI 技术领域的领军企业，凭借其卓越的"数字人语音"功能，在全球范围内赢得了广泛赞誉。随着产品的持续迭代和升级，HeyGen 现已支持数字人定制、语言转化、声音克隆等多项前沿功能，为用户提供了更加丰富和个性化的服务体验。

进入 HeyGen 主页，注册并登录成功之后进入网站主界面，如图 9-28 所示。

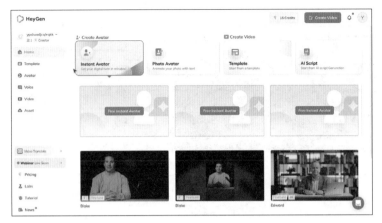

图 9-28

1. 模板数字人功能

模板数字人功能的具体操作步骤如下。

01 数字人功能是HeyGen成名之作，在主页中单击Instant Avatar按钮，即可使用下方的模板数字人，如图9-29所示；单击Photo Avatar按钮，即可使用其中的虚拟形象，如图9-30所示。

图 9-29

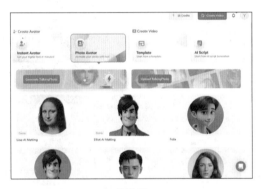

图 9-30

02 单击数字人形象，在其设置选项中单击Edit Avatar按钮，添加数字人并进行编辑，如图9-31所示。

图 9-31

03 进入数字人形象编辑界面，右侧可以对人物景别、背景、衣服、面部特点、声音音色等进行修改。如图9-32所示。

视图模式

衣服

换脸

声音

图 9-32

04 在Voice选项栏中，选择中文配音。根据需要选择合适的场景与人物搭配，单击右上方的Save as New按钮进行保存，如图9-33所示。

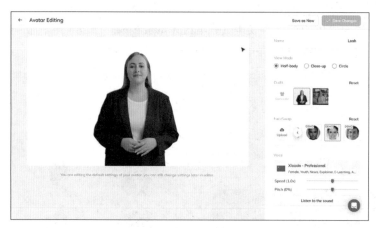

图 9-33

05 在右侧单击Avatar链接，可以查看保存的"数字人形象"，单击对应数字人的"播放"按钮进入创作界面，单击Creative Video按钮选择画幅，如图9-34所示。

图 9-34

06 将文本内容填入文本框中，单击下方的"播放"按钮进行试听，视频总时长会显示在试听时间线上，如图9-35所示。

图 9-35

07 单击右上角的Submit按钮，即可完成播报视频，每30s花费0.5积分，导出完成后，即可在Video选项栏中查看进度，并在完成之后下载到本地，如图9-36所示。

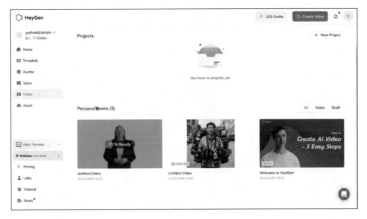

图 9-36

2. 用图片生成数字人

在了解了"数字人"的使用方法之后，即可尝试利用已有图片完成定制数字人的创建。具体的操作步骤如下。

01 单击主页中Photo Avatar的Upload按钮，选择图片并进行上传，如图9-37所示。

图 9-37

02 与之前模板数字人的操作步骤略微不同，图片上传之后只需要选择画幅和语言即可，完成后单击Save as

New按钮，如图9-38所示。

图 9-38

03 在主页Avatar中，查看保存的数字人形象，在Photo Avatar中找到创建的数字人形象，单击"播放"按钮进入创作界面，单击Creative Video按钮并进行画幅选择，如图9-39所示。

图 9-39

04 再次进入相同界面，除了数字人形象不同，其他别无二致。按照同样的步骤进行语音朗读、试听、编辑语速、建立导出，最终生成效果如图9-40所示。

图 9-40

3. 视频生成

在 2023 年 12 月 5 日推出的 Instant Avatar（也被称为 Avatar 2.0）即时虚拟分身技术，只需 5min，用户便能通过手机轻松创造一个属于自己的虚拟分身。这一创新技术不仅提供了多语言支持，还内置了翻译工具，使用户可以创建多种语言的内容。更令人印象深刻的是，它还支持口型同步功能，能够实现虚拟分身口型与声音的完美匹配，为用户带来更加真实、生动的体验。具体的操作步骤如下。

01　单击Instant Avatar按钮，再选择"免费虚拟分身"功能，如图9-41所示。

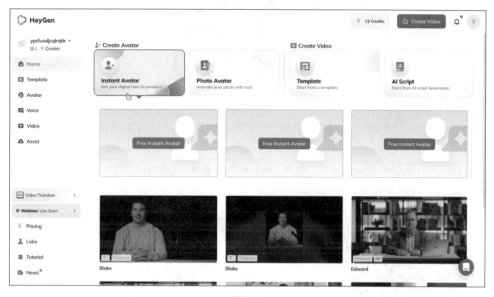

图 9-41

02　在"上传"界面，需要上传一段360P以上清晰度，时长至少2min，确保画面清晰的视频，全选下方选项，单击My Footage Looks Good按钮，如图9-42所示。

图 9-42

03　为保护个人隐私安全，防止盗用，在视频上传完成后需要进行人脸验证，以证明是本人进行的操作，通过此方式验证才可进行后续操作，如图9-43所示。

图 9-43

04 视频生成时间为2~5min，生成完成后，在主页avatar中查看保存的数字人形象，单击进行创作，进入数字人界面，语言变为自己的克隆声音，如图9-44所示。

图 9-44

05 采用同样的生成方式，将文本框内的中文转变为英文，再次进行尝试，最终所得效果甚至强于中文输出效果，以同样的方式进行法语或日语输出，所得效果皆较为令人满意。

9.3 用AI生成混剪类视频

混剪类视频在短视频领域扮演着举足轻重的角色，它不仅能够提升短视频的创意度和观赏性，还能有效扩大作品的影响力。然而，传统的人工编辑方式在输出大批量的混剪视频时既费时又费力。幸运的是，随着人工智能技术的不断进步，现在我们可以利用 AI 工具来快速生成混剪类视频，从而显著提高工作效率。接下来，将介绍几款优秀的混剪类视频 AI 生成工具。

9.3.1　用即创生成混剪类视频

即创是抖音旗下的一站式智能创意生产与管理平台，提供了视频创作、图文生成、直播工具等多种服务，同时兼容开放生态，为创作者带来了极大的便利。创作者可以借助 AI 工具所赋予的各种新功能，一次性提升视频和图文的创作效率。特别值得一提的是，即创的所有功能都提供免费试用，其中包括多款数字人形象。

通过即创的 AI 生成混剪类视频功能，创作者能够快速整合多个视频素材，自动生成精彩的混剪片段。这一功能大大缩短了传统手动剪辑所需的时间，显著提高了创作效率。以下是使用即创 AI 生成混剪类视频的具体操作步骤。

01　进入即创首页，注册并登录后，进入如图9-45所示的页面。

图 9-45

02　单击"视频创作"中的"智能成片"按钮，进入如图9-46所示的页面。

图 9-46

03 开始脚本创作，单击"脚本"按钮，会出现两种脚本填充方式，一是"AI生成脚本"，直接由AI进行创作。二是从"脚本库"（历史生成）的AI脚本中选择并填充，如图9-47所示。需要注意的是，对于第一次使用即创的人来说，脚本库中是空的，所以要选择由"AI生成脚本"。

图 9-47

04 单击"AI生成脚本"按钮，出现如图9-48所示的页面。

05 输入产品信息，脚本中有"通用电商"领域，可以涵盖多领域的产品，还有"大健康""工具软件""金融""教育"4个细分领域。若想要生成关于摄影课产品的脚本，选择"教育"领域，如图9-49所示。

图 9-48

图 9-49

06 输入"产品信息"，支持输入商品ID和抖音商品详情页url链接。选择商品ID获取方式，可以在抖店、巨量千川、巨量百应后台查询商品ID；选择抖音商品详情页url链接方式，在移动端抖音商城复制商品详情图链接，或者在 PC端抖店、巨量千川、巨量百应后台复制商品链接，复制链接的具体步骤如图9-50所示。

07 把复制的url链接粘贴到产品信息文本框，单击右侧的"获取产品"按钮，即可获取商品，如图9-51所示。

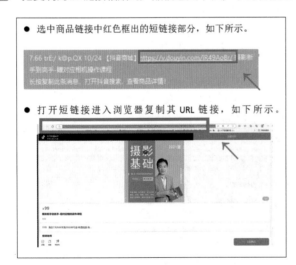

图 9-50

图 9-51

08 输入产品信息后，系统自动生成关于产品的标签，此处系统自动生成的关于摄影课程的"产品卖点"和"适用人群"标签，如图9-52所示。

09 如果对系统生成的标签不满意，也可以进行修改编辑，再手动输入产品的其他标签，如图9-53所示。

图 9-52　　　　　　　　　　　　　　　　图 9-53

10 单击"立即生成"按钮，生成的脚本如图9-54所示，如果对生成的脚本不满意，可以单击"再次生成"按钮，生成更多文本，还可以将生成的脚本保存至脚本库，方便以后使用。

11 选择一个合适的脚本，单击其下方的"选择脚本"按钮，再次进行编辑优化，此处选择了第一个脚本进行编辑优化并保存，如图9-55所示。

图 9-54　　　　　　　　　　　　　　　　图 9-55

12 单击下方的"确定"按钮，文案自动填充到页面左侧的脚本文本框内，也可以对文案进行再次编辑，如图9-56所示。

图 9-56

13 开始生成视频，智能成片的生成方式有"视频混剪类"和"数字人口播类"两种类型，此处主要讲解"视频混剪类"的操作方法，如图9-57所示。"视频混剪类"必须有"文字"和"视频"两种素材才可生成智能混剪视频；"数字人口播类"只需要"文字"素材，然后添加"数字人"即可生成数字人口播视频。

图 9-57

14 单击左侧的"视频"按钮，上传视频，至少要上传3段视频才能生成视频。一定要注意上传的视频格式，如图9-58所示。

图 9-58

15 视频上传成功后，单击右下方的"确定"按钮，视频自动添加到左侧"我的视频"中，选中该视频的复选框，如图9-59所示。

图 9-59

16　在右侧选择合适的配音和音乐并根据需求添加字幕，如图9-60所示。

17　单击右上角的"生成视频"按钮，即可生成新视频。可以下载生成的视频或保存到视频库。最终生成了36s
的混剪视频，如图9-61所示。

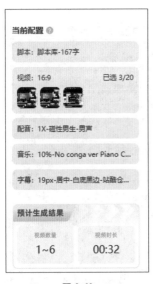

图 9-60

图 9-61

9.3.2　用千巴库生成混剪类视频

千巴库是一款利用人工智能技术开发的短视频编辑工具。它采用了前沿的图像识别和处理技术，能够智能
识别视频中的人物、场景和音乐等元素。用户只需上传自己拍摄的视频素材，选择适合的模板和音乐，即可迅
速生成一段精美的短视频。此外，千巴库还提供了专门的视频混剪功能板块，极大地方便了用户的编辑需求。
无论是视频间的无缝混合、配音添加、背景音乐选择，还是字幕编辑，千巴库都能轻松应对。以下是具体的操
作步骤。

01　进入千巴库主页，下载安装千巴库AI剪辑工具。

02　安装完毕后，启动软件，单击右侧菜单中的"视频混剪"按钮，如图9-62所示。

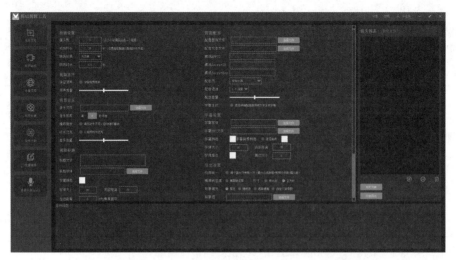

图 9-62

03 导入原视频，单击右侧镜头列表下方的+按钮，将所有需要混剪的视频添加到列表中，如图9-63所示。

04 设置具体参数，参数内容分为剪辑设置、视频原声、背景音乐、导出设置等。具体设置按照自己的剪辑需求
    进行调整，如图9-64所示。

图 9-63

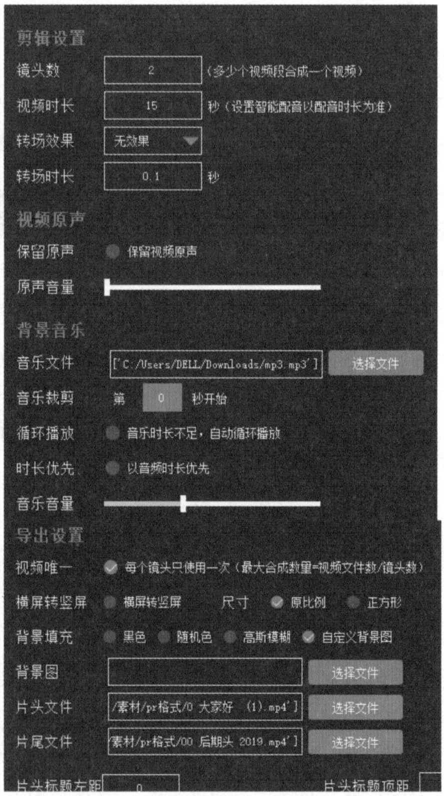

图 9-64

05 参数设置完成后，单击右下方的"开始导出"按钮，设置导出视频的数量、位置、视频码率及帧率，即可导
    出视频，AI自动混剪的视频如图9-65所示。需要注意的是，生成的视频中上传的片头和片尾固定不动，视
    频设置的时间是去除片头和片尾时长的。

图 9-65

10.1 AI姓名头像副业项目

10.1.1 项目分析及市场前景

AI 姓名头像副业项目是当前短视频领域中新兴且备受瞩目的副业变现项目，具备低成本和高收益的潜力。从个人需求角度出发，在当前环境下，人们对于私人个性化头像定制的需求持续上升。特别是那些以艺术化手法设计并展示个人姓名的独特头像类型，受到了广泛的喜爱和追捧。如图 10-1 和图 10-2 所示，这类头像不仅满足了人们对于个性化表达的需求，同时也成为一种时尚和潮流的象征。因此，AI 姓名头像副业项目有着广阔的市场前景和发展空间。

图 10-1   图 10-2

从市场竞争的角度来看，虽然市场上存在着多种风格各异的头像样式，但艺术化设计姓名头像这一细分市场的供给却相对稀缺，实际提供此类服务的项目并不多。通过对比广泛的个性化表达诉求与有限的竞争态势，我们可以发现这个领域存在着巨大的市场需求和待开发的机会。

从制作的角度来看，AI 工具能够快速、批量地生成风格各异的头像，从而大幅减少人工成本，并通过大规模制作实现较高的利润。同时，由于 AI 姓名头像的定价相对较低，因此更容易吸引大量潜在客户，形成薄利多销的局面。

AI 姓名头像副业项目的具体操作也相对容易上手。简单来说，就是利用 AI 工具制作个性化的姓名头像图像，然后通过制作这些头像的短视频来吸引流量，最终将流量转化为购买率，实现变现。将此项目作为副业，可以大大提高工作效率，使个人能够在有限的时间内服务更多客户，从而增加收入来源。目前，一些自媒体平台上已经有很多人将这个项目作为副业，并且已经通过高流量实现了变现，如图 10-3~ 图 10-5 所示。

总的来说，AI 姓名头像副业项目是一个具有广阔市场前景和低成本高收益潜力的副业选择。通过利用 AI 技术和创意短视频制作，个人可以轻松上手并实现变现目标。

图 10-3　　　　　　　　　　图 10-4　　　　　　　　　　图 10-5

　　AI 姓名头像副业项目主要包含三个步骤：第一步是使用 Km Future 工具制作姓名头像；第二步是利用剪映工具生成引流视频；第三步则是通过已制作完成的短视频进行引流。接下来，将分别对这三个步骤进行详细讲解。

10.1.2　使用 Km Future 工具制作姓名头像

　　使用 Km Future 工具制作姓名头像的具体操作步骤如下。

01　下载 Km Future APP，注册并登录后，进入如图10-6所示的页面。

02　点击上方的"AI 签名"按钮后，点击下方的"开始制作"按钮，即可开始设置姓名头像。

03　按照个人需求选择文字模式，并在文本框中根据所选的文字模式输入相应的文字。此处选择了"姓氏"的文字模式，并在文本框中输入了"韩"字，如图10-7所示。

图 10-6　　　　　　　　　　　　　　图 10-7

04 根据个人偏好选择喜欢的字体模板和模型，此处选择了"兰亭繁体"的字体模板和"辰龙"的模型，如图 10-8所示。

05 点击下方的"生成签名"按钮，即可生成姓名头像，如图10-9所示。

图 10-8   图 10-9

提示

> 新用户注册送15点，AI签名生成一次需要消耗5点。免费点数使用完成后需要付费使用。6元赠送60点，会员季卡98元，解锁所有功能。

06 根据以上步骤再制作出多张姓名头像图像，并保存到手机中。

10.1.3 使用剪映工具生成引流视频

使用剪映工具生成引流视频的具体操作步骤如下。

01 打开剪映，点击首页"开始创作"图标，将生成的姓名头像图像全部导入剪映中，此处导入了十张姓名图像，如图10-10所示。

图 10-10

02 接下来利用剪映编辑视频，为视频添加合适的封面，转场特效和背景音乐。视频封面中的标题文字一定要引人注目；转场特效一定要酷炫带感，推荐使用"运动"转场，背景音乐也要偏大气酷炫风，如图10-11~图10-13所示。

图 10-11

图 10-12

图 10-13

03 根据背景音乐卡点，导入剪映后系统默认的每张图像的时长为3s，可以点击每张图像根据背景音乐节拍点控制每张图片的时长。除此之外，还可以在剪映模板中搜索"头像类"模板，一键成片。

04 视频制作完成后，导出保存到本地。

10.1.4 使用制作完成的短视频引流

将制作完成的短视频发布到各大自媒体平台以进行引流，通过引流吸引潜在客户并实现变现，进而增加收入。具体的引流变现方式如下。

1. 引流到私域

在各大媒体平台发布内容后，通过持续输出高质量的头像制作视频，塑造良好的形象，并提高用户黏性。同时，在视频描述、评论区互动以及后台私信中巧妙地引导粉丝关注你的个人微信号或其他私域流量池。通过为用户提供定制化的姓名头像服务，按照单次、数量及服务收费，以此来增加个人收入。

2. 引流到直播间

通过持续发布的短视频将流量引导至直播间。在直播时，利用 AI 工具实时为赠送礼物的观众绘制头像，并向直播间内的观众展示绘制的姓名头像效果，增加直播间的互动性和趣味性。同时，可以设置不同级别的礼物对应不同复杂度或定制程度的头像绘制服务。通过实时直播结合 AI 绘制头像这一独特亮点，精心设计内容营销和直播间互动体验，有效引导观众从观看视频过渡到参与直播，最终吸引观众定制姓名头像，从而实现礼物打赏带来的收益增长。

10.2 AI舞蹈视频副业项目

10.2.1 项目分析及市场前景

自媒体账号的商业价值与其粉丝量息息相关，账号运营者通过创作和发布多样化的内容，吸引并积聚粉丝，进而构建自己的影响力圈层。随着粉丝数量的攀升和活跃度的提升，自媒体账号可以通过多种方式实现盈利，如账号置换、广告分成、商业合作推广、知识付费、直播打赏及带货等。

如何稳定地增加粉丝并培养一个具有高权重、活跃度和影响力的账号，成为运营者关注的焦点。在这方面，利用 AI 生成舞蹈视频内容被证明是一种创新且有效的策略。

从粉丝需求的角度来看，随着社会节奏的加快，压力不断增大，人们越来越倾向于通过观看具有娱乐性的视频来释放压力、调节情绪。AI 舞蹈视频正好满足了这一需求，其高度的观赏性和艺术表现力为观众带来了视觉享受，从而增强了粉丝的黏性。

从内容制作的角度来看，AI 技术能够学习并融合大量舞蹈动作数据，自动生成新颖、富有创意的舞蹈视频。这不仅展示了科技的魅力，也迎合了观众对新鲜事物的好奇心。更重要的是，利用 AI 工具制作舞蹈视频无须真人出镜，大大节省了人力成本和时间投入。同时，AI 生成的舞蹈视频更新迅速、风格多样，有助于吸引不同口味的粉丝群体，实现快速涨粉。

在具体操作上，AI 舞蹈视频养号涨粉项目主要是利用 AI 技术制作一系列高质量的虚拟舞蹈视频，然后发布在各大短视频平台上进行引流。通过持续输出优质内容，提高账号的活跃度和影响力，从而实现粉丝数量的快速增长。当账号积累到一定量级的粉丝后，便可以通过各种商业增值方式实现流量变现。

目前，已有不少自媒体从业者开始尝试利用 AI 舞蹈视频来提升粉丝数量和经济收益，并取得了显著成果。图 10-14~ 图 10-16 为 3 个相关自媒体账号界面。

图 10-14

图 10-15

图 10-16

AI 舞蹈视频副业项目主要包含 4 个步骤：首先，使用 LibLib AI 生成舞者形象工具制作个性化的舞者头像；其次，利用通义千问生成舞蹈视频；接着，定时定量在各大自媒体平台发布这些视频；最后，通过自媒体账号实现盈利。接下来，将对这 4 个步骤进行详细讲解。

10.2.2　用LibLib AI 生成舞者形象

用 LibLib AI 生成舞者形象的具体操作步骤如下。

01　进入LibLib AI 首页，单击"在线生图"按钮开始创作，页面如图10-17所示。

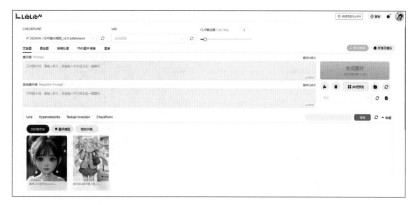

图 10-17

02　根据步骤设置参数，生成一个美丽的女性舞者形象全身图，设置的参数如图10-18所示。关于CHECKPOINT大模型设置，一定要选择写实类的，要保证AI舞者的形象是足够逼真的；关于提示词的撰写，生成的照片一定要有关于全身的描述，保证生成的是全身图；"面部修复"和"高分辨率"复选框一定要选中，否则生成的人物形象会出现变形、画质不清晰的情况；关于图像比例的设置，因为生成的是全身图，一定要保证足够的高度。

03　单击上方的"开始生图"按钮，即可生成AI舞者图像，如图10-19所示。

图 10-18

图 10-19

04　单击"保存到本地"按钮，保存图像。

10.2.3　用通义千问生成舞蹈视频

用通义千问生成舞蹈视频的具体操作步骤如下。

01　打开通义千问 App，进入如图10-20所示的页面。

02　点击"一张照片来跳舞"按钮，或者在下方的文本框内输入"全民舞王"文字，即可进入如图10-21所示的
页面。

图 10-20　　　　　　　　　　　　　　　图 10-21

03　点击下方的"立即体验热舞"按钮，即可开始创作舞蹈视频，舞蹈模板中目前有包括"科目三""DJ慢
摇""鬼步舞""甜美舞"等12个舞种，如图10-22所示。

04　此处选择了"DJ慢摇"的舞蹈模板剪同款，点击"上传图像"按钮，把用Libllib AI 生成的图像上传。上传后
的页面如图10-23所示。

05　点击下方的"立即生成"按钮，即可开始生成视频。需要注意的是，视频生成时间一般在14min左右，需要
后台等待生成，生成的视频如图10-24所示。

图 10-22　　　　　　　　　　图 10-23　　　　　　　　　　图 10-24

10.2.4　定时定量在自媒体平台发布视频

将生成的 AI 舞蹈视频发布在媒体平台时，为了培养账号权重并快速增加粉丝数，确实需要注意发布时间的设定和定量控制。

时间设定方面，建议选择晚上 8 点到 12 点的休闲时段进行发布。这个时间段通常能匹配目标粉丝的活跃时间，从而增加视频的曝光率和互动率。

定量控制方面，要综合考虑自身的创作能力以及平台的推荐机制。发布频率过高可能导致内容质量下降，而发布频率过低则可能影响账号的活跃度和粉丝的黏性。因此，需要合理确定发布的频率，既要保证内容的质量，又要保持账号的活跃度。这样才能在媒体平台上稳定地吸引和积累粉丝，为后续的变现打下坚实基础。

10.2.5　利用自媒体账号实现营收

当自媒体账号积累了一定的粉丝基础后，即可通过多种方式实现盈利，具体包括广告分成、商业合作推广、知识付费和直播打赏等。以下是对这些方式的详细介绍。

广告分成：许多自媒体平台都设有广告分成机制。当发布的 AI 舞蹈视频达到一定的播放量时，平台会在视频中插入广告，并根据观看次数、有效点击等因素与创作者分享一部分广告收益。

商业合作推广：自媒体账号可以与相关品牌进行合作，通过制作植入式广告或品牌合作舞蹈内容来获得收入。例如，与舞蹈服饰品牌、音乐 App 或健身设备品牌等进行合作，在舞蹈视频中展示其产品，从而获取品牌方的赞助费用。

知识付费：自媒体账号可以开设付费课程，如"零基础制作 AI 舞蹈"等，粉丝需要付费购买才能学习完整的教程。通过这种方式，创作者可以将自己的专业知识和经验转化为实际的收益。

直播打赏：自媒体账号还可以开展线上直播 AI 舞蹈教学活动，吸引粉丝参与互动。在直播过程中，粉丝可以通过直播平台的礼物功能进行打赏，这也是一种实现盈利的有效方式。同时，创作者还可以在直播中展示自己的才华和魅力，进一步吸引和巩固粉丝群体。

10.3　制作新闻类视频

10.3.1　项目分析及市场前景

对于新闻类短视频而言，时效性至关重要。一旦错过热点，观看量便会大幅下降。然而，传统的新闻短视频制作流程是先撰写新闻稿，再将其转化为视频，这往往耗时较长，难以满足快速传播的需求。

幸运的是，AI 技术的出现为新闻短视频制作带来了革命性的变化。利用 AI，我们可以迅速抓取大量热点文章，一键生成新闻稿类文本，再一键将文字转化为视频，甚至可以轻松将新闻翻译为多种语言，从而拓展更广泛的新闻市场。AI 在新闻类短视频制作中的应用不仅显著提升了行业效率，满足了自媒体、新媒体等渠道对大量内容的需求，也推动了媒体行业的数字化转型。这使新闻内容的生产和传播变得更为灵活高效，能够更好地适应快节奏的现代生活。

接下来，将详细介绍综合运用 AI 工具制作新闻类短视频的 4 个步骤。

（1）使用度加生成热点新闻文章内容。度加能够快速抓取和分析网络上的热点信息，生成符合新闻规范的文章内容，为后续的视频制作提供基础素材。

（2）利用剪映中的"文字成片"功能一键生成视频。将上一步生成的新闻稿导入剪映，利用其"文字成片"功能，可以迅速将文字转化为视频。这一过程大大节省了手动编辑的时间成本。

（3）在剪映编辑器中润色视频。虽然 AI 可以生成基本的视频内容，但为了提升观看体验，我们仍需要在剪映编辑器中对视频进行润色，如调整画面布局、添加背景音乐等。

（4）使用 Rask 生成多语种新闻视频。为了拓展国际市场，我们可以利用 Rask 将新闻视频翻译为多种语言。这样，不仅可以让更多的观众了解到我们的新闻内容，还能进一步提升新闻的传播范围和影响力。

10.3.2　用度加生成热点新闻文章内容

用度加生成热点新闻文章内容的具体操作步骤如下。

01 进入度加首页，单击左侧菜单中的"AI成片"按钮，开始文案创作。具体生成过程前面已经讲过，这里不再赘述，生成的热点文章如图10-25所示。

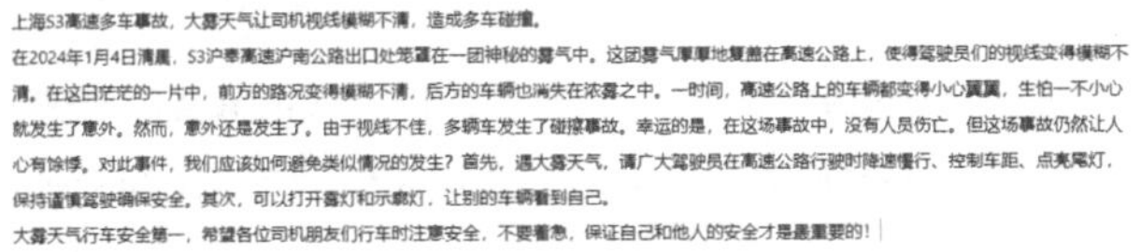

上海S3高速多车事故，大雾天气让司机视线模糊不清，造成多车碰撞。
在2024年1月4日清晨，S3沪奉高速沪南公路出口处笼罩在一团神秘的雾气中。这团雾气厚厚地覆盖在高速公路上，使得驾驶员们的视线变得模糊不清，在这白茫茫的一片中，前方的路况变得模糊不清，后方的车辆也消失在浓雾之中。一时间，高速公路上的车辆都变得小心翼翼，生怕一不小心就发生了意外。然而，意外还是发生了。由于视线不佳，多辆车发生了碰撞事故。幸运的是，在这场事故中，没有人员伤亡。但这场事故仍然让人心有馀悸。对此事件，我们应该如何避免类似情况的发生？首先，遇大雾天气，请广大驾驶员在高速公路行驶时降速慢行、控制车距、点亮尾灯，保持谨慎驾驶确保安全。其次，可以打开雾灯和示廓灯，让别的车辆看到自己。
大雾天气行车安全第一，希望各位司机朋友们行车时注意安全，不要着急，保证自己和他人的安全才是最重要的！

图 10-25

02 复制AI生成的新闻文本。

10.3.3　用剪映中的"文字成片"功能一键生成视频

用剪映中的"文字成片"功能一键生成视频的具体操作步骤如下。

01 打开剪映，单击"文字成片"图标，再单击"自由编辑文案"按钮，把度加生成的文本粘贴到自由编辑文案的文本框中，如图10-26所示。

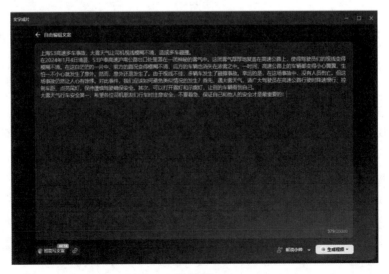

图 10-26

02　单击下方的"生成视频"按钮，即可一键成片，软件生成了时长为1:21的视频，如图10-27所示。

图 10-27

10.3.4　在剪映编辑器中润色视频

AI 生成的视频主要是基于素材库中的素材进行匹配和拼接的，因此有时会出现文字和画面不匹配的情况。为了解决这个问题，需要进行人工干预，替换不匹配的素材，以确保视频的质量和准确性。

当视频素材画面完成后，可以根据具体需求来调整背景音乐、字幕、画面亮度，甚至添加数字人角色等。这些内容之前已经提及，不再赘述。

完成视频的各项润色调整后，最后一步就是导出视频。导出的视频文件可以用于各种平台发布和分享。图10-28 展示了导出的视频样例，供参考。

图 10-28

10.3.5 用Rask生成多语种新闻视频

用 Rask 生成多语种新闻视频的具体操作步骤如下。

01 进入Rask主页，单击Upload video or audio按钮，上传从剪映中导出的视频，并完成相关设置，如图10-29所示。

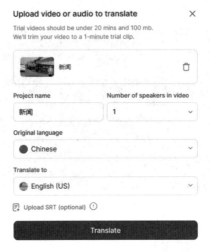

图 10-29

02 单击下方的Translate按钮，即可生成不同语言的新闻视频，如图10-30所示。

图 10-30

03 在右侧编辑区单击Lip-Sync beta按钮，让视频中的讲话者的嘴部动作与翻译后的声音相匹配，以获得更好的配音效果。

04 单击右侧编辑区下方的Speakers Voices图标，选择讲话者的声音风格，选择Clone来使用原视频讲话者的声音，来克隆原视频声音，如图10-31所示。

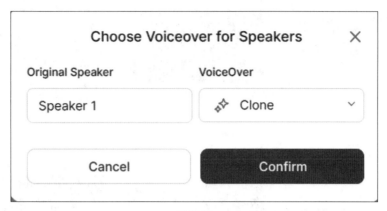

图 10-31

05　选择配音风格后，单击Redub video按钮，重新对视频进行更改。

06　视频修改完成后，选择保存的视频类型，单击Download按钮保存生成的不同语言的新闻视频。

10.4　AI民间故事短视频副业项目

10.4.1　项目分析及市场前景

AI 民间故事副业项目是当下短视频领域中流量和收益均较大且热门的副业变现项目，具备低成本高收益的潜力。

从故事题材的角度来看，民间故事深深扎根于中华民族的悠久文化中，承载着丰富的历史积淀和多元的价值观。它们生动地反映了社会的传统习俗、信仰体系以及道德伦理观念，以其独特的魅力能够触动人们内心最柔软的情感角落，唤醒集体记忆中共鸣的部分。在现代社会快节奏的生活中，这些故事为人们提供了一片情感的栖息地和精神的滋养源，让人们在忙碌之余能够找到源自传统文化的温暖与慰藉。

从内容呈现方式的角度来看，短视频形式非常符合现代快节奏生活下的信息消费习惯。通过将原本可能冗长复杂的民间故事精练成几十秒至几分钟的内容，短视频方便用户随时随地观看、理解和分享，完全符合当代用户快节奏的生活方式和碎片化的信息消费习惯。

从视频内容制作的角度来看，通过整合多个 AI 工具，我们可以高效地产出民间故事短视频。AI 能够快速生成大量的文本内容，从而节省了人工编写故事所需的时间和精力。再通过 AI 将文字一键生成视频，整个制作过程既快速又方便。

从平台及市场环境的角度来看，短视频平台能够针对不同用户群体的兴趣偏好实现精准推送，从而增加用户黏性和观看时长。随着流量的增加，吸引到粉丝后，就可以进行流量变现。此外，短视频平台通常还会有创作者鼓励机制，如抖音的"中视频计划"和中视频号的"创作者分成计划"等，为创作者提供了更多的收益机会。

目前，在一些自媒体平台中，已经有许多人将 AI 民间故事副业项目作为一个副业项目来经营，并且已经实现了较高的流量变现。如图 10-32~ 图 10-34 所示，这些成功案例为其他想要涉足此领域的人提供了有力的参考和借鉴。

图 10-32

图 10-33

图 10-34

AI 民间故事副业项目的步骤主要包括 4 个。第一步，使用文心一言生成民间故事内容；第二步，利用剪映的"文字成片"功能一键生成视频；第三步，通过 33 搜帧替换不合适的视频素材；第四步，将制作好的民间故事视频发布到自媒体平台。接下来，将对这 4 步进行详细讲解。

10.4.2　用文心一言生成民间故事内容

用文心一言生成民间故事内容的具体操作步骤如下。

01　进入文心一言首页，在文本框中输入关于创作民间故事的文字指令，如图10-35所示。

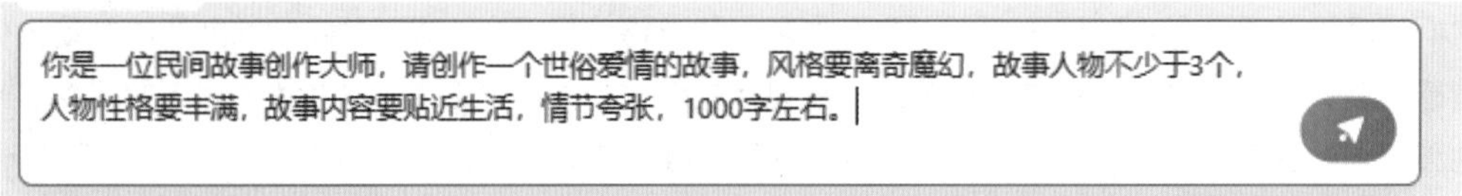

> 你是一位民间故事创作大师，请创作一个世俗爱情的故事，风格要离奇魔幻，故事人物不少于3个，人物性格要丰满，故事内容要贴近生活，情节夸张，1000字左右。

图 10-35

02　单击右侧箭头按钮，即可生成一个完整的故事。AI自动生成的部分故事内容如下所示。

题目：《仙缘之恋》

主要人物：

婉儿：美丽的农家女，纯真善良，手艺高超。

凌风：年轻的修仙者，英俊潇洒，但有些傲慢。

瑶姬：凌风的师妹，聪明机智，心地善良。

故事：

在遥远的古代，有一个叫作婉儿的美丽农家女。她家境贫寒，但双手灵巧，绣出的花朵栩栩如生，被誉为"绣花仙子"。一日，婉儿在山中采绣球花时，误入了一个神秘的修仙洞府。

洞府中，两位年轻的修仙者凌风和瑶姬正在修炼。凌风英俊潇洒，但性格傲慢，对凡人总是不屑一顾。瑶姬则心地善良，对婉儿照顾有加。

婉儿被洞府中的奇景吸引，决定留下来学习修仙之术。凌风虽然对婉儿心生厌恶，但在瑶姬的劝说下，也传授了她一些简单的法术。

渐渐地，婉儿与瑶姬成了无话不谈的好友。她们一起修炼、一起采花、一起分享心事。而凌风虽然表面上对婉儿冷淡，但心中却开始对她产生了微妙的感觉。

一日，修仙洞府遭到一群妖兽的袭击。婉儿、凌风和瑶姬共同抵抗妖兽，最终成功击退了它们。然而，在战斗中，婉儿不幸受伤，生命垂危。为了救婉儿，凌风决定冒着生命危险去寻找灵药。

在寻药的途中，凌风遇到了重重困难。他历尽千辛万苦，终于找到了灵药。然而，在返回洞府的路上，他却被一只凶猛的妖兽重伤。

03　如果对故事内容不满意可继续润色故事情节，故事优化完成后复制故事文本内容。

10.4.3　用剪映文字成片功能一键生成视频

用剪映文字成片功能一键生成视频的具体操作步骤如下。

01　打开剪映，单击"文字成片"按钮，再单击"自由编辑文案"按钮，将文心一言生成的故事文本粘贴到自由编辑文案的文本框中，如图10-36所示。

02　单击下方的"生成视频"按钮，即可一键成片，得到了一段时长为2:50的视频，如图10-37所示。

图 10-36

图 10-37

10.4.4　用33搜帧替换不合适的视频素材

剪映 AI 生成的视频主要是基于素材库中的素材进行匹配和拼接的。因此，有时会出现文字和画面不匹配的情况。为了解决这个问题，我们需要进行人工干预，替换不匹配的素材。由于剪映素材库中的素材数量有限，我们可能需要借助 33 搜帧等工具来寻找并替换不合适的视频素材。具体的操作步骤如下。

01　在剪映中找到文字与画面不匹配的视频素材，并找出匹配画面的关键词。生成的故事文本中出现的是"有一个名叫婉儿的美丽农家女"，但是画面没能匹配到具体人物形象，如图10-38所示。

02　下载并安装33搜帧软件，安装后打开该软件进入如图10-39所示的界面。

图 10-38

图 10-39

03 在文本框中输入需要匹配的素材画面的关键词,单击"搜索"按钮,出现了许多素材画面,如图10-40 所示。

图 10-40

04 选择合适的素材进行"云剪切",将其导入剪映。

05 根据以上方法替换所有不匹配的画面。

06 润色视频,根据需求调整视频的背景音乐、字幕等。

07 视频优化后,保存视频。

10.4.5 将民间故事视频发布到自媒体平台

将制作完成的有关民间故事的视频发布至自媒体平台后,通过平台账号增加收益的方式主要有两种。

一是多平台发布策略。当自媒体账号积累了一定的粉丝基础后,便可以通过多种方式实现盈利,例如广告分成、商业合作推广、知识付费以及直播打赏等。这些方法的具体操作和应用已在前面详细讨论过,因此这里不再赘述。

二是参与平台的创作者视频计划活动。以抖音、西瓜视频、今日头条联合推出的"中视频伙伴计划"为例,中视频通常指的是时长在 1min 以上的视频内容。对于新人和初学者而言,制作中视频进行变现具有显著优势。这些平台鼓励创作者制作高质量的中视频内容,并为满足要求的账号提供播放量分成收益。也就是说,只要视频有播放量,创作者就能从中获得广告收入。播放量越高,收益也就越高。关于抖音中视频计划的具体示例,可以参见图 10-41 和图 10-42。通过这两种方式,创作者可以有效地将民间故事视频转化为实际的收益。

图 10-41   图 10-42

10.5　制作虚拟歌手唱歌类短视频

10.5.1　项目分析及市场前景

虚拟歌手是通过 AI 技术创造的、拥有数字化歌声且往往配备个性化虚拟形象的歌手。当前，虚拟歌手文化已在市场上发展为一个相当成熟的领域。举例来说，音未来（Hatsune Miku）和洛天依（Luo Tianyi）都是广受欢迎的虚拟偶像。随着人工智能技术的不断进步和广泛应用，普通人现在也能利用各类 AI 工具来创作自己的虚拟歌手，并通过发布音乐作品来吸引更多关注。一旦虚拟歌手获得足够的关注度和热度，其 IP 价值将大幅提升，进而可以进行一系列周边商品的开发，如手办模型、服装、文具、生活用品等衍生产品的生产和销售，从而为账号带来可观的营收。

若想要综合利用 AI 工具来制作虚拟歌手的唱歌类短视频，可以遵循以下两个步骤：首先，使用通义千问 AI 生成歌词文本；其次，利用唱鸭生成相应的歌曲音频。这两个步骤的结合将能够高效地创作出虚拟歌手的完整音乐作品。

10.5.2　用通义千问生成歌词文本

进入通义千问首页，在文本框内输入文字指令，生成想要的歌词。具体操作前面已经介绍过，这里不再赘述。需要注意的是，在输入文字指令时一定要告诉 AI 你想要的歌词的主题方向和风格类型。此处想要创作一首解压欢快风格的歌曲，输入的文字指令和 AI 生成的内容如图 10-43 所示。

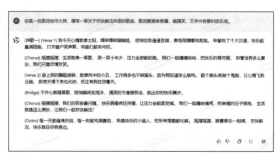

图 10-43

10.5.3　用唱鸭生成歌曲音频

用唱鸭生成歌曲音频的具体操作步骤如下。

01　打开唱鸭App，把通义千问生成的歌词粘贴到唱鸭的文本框中。需要注意的是，唱鸭的歌词文本框有一定的字数限制，一定要控制输入的歌词字数，如图10-44所示。

02　自定义音乐风格，音乐风格要根据歌词风格进行定义，此处创作的歌曲的歌词偏欢快搞笑风格，故选择了"开心"风格的音乐元素模板，如图10-45所示。

03　选择合适的歌手。如果想要用自己的声音生成歌曲，也可以选择定制化音色，如图10-46所示。

04　点击"生成歌曲"按钮，即可生成想要的歌曲，再根据个人的喜好风格进行编辑优化即可。

05　确定最终音频呈现效果，点击"发布当前作品"按钮，并一键生成MV，如图10-47所示。

06　点击"发布"按钮，等待AI软件合成完毕，即可在MV下方进行分享或者保存，点击"抖音"等自媒体图标，即可发布到特定的平台。

图 10-44   图 10-45

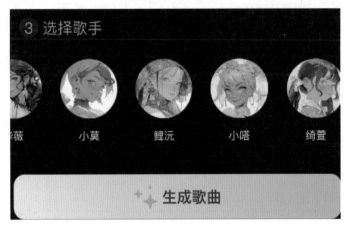

图 10-46   图 10-47

10.6 制作IP形象类视频

10.6.1 项目分析及市场前景

具有独特 IP 形象的短视频在吸引用户关注和形成粉丝群体方面具有显著优势。这种个性化的 IP 能够与粉丝建立深厚的情感联系，提高用户的忠诚度和黏性，进而促进粉丝对内容的持续关注和互动，最终转化为长期稳定的流量资源。

以抖音上的"一禅小和尚"为例，这一虚拟动画形象凭借其暖萌可爱的形象和充满好奇的性格，成功引发了观众的情感共鸣。在快节奏的现代生活中，它为人们提供了一种难得的心灵慰藉。视频内容通常蕴含生活哲理和人生智慧，通过简洁易懂的语言讲述故事，既具有娱乐性又富有教育意义，因此能够吸引不同年龄段的观众。在成功积累大量粉丝后，"一禅小和尚"这一 IP 进行了有效的商业开发，如开设抖音小店、联名合作、授权周边产品等，实现了 IP 变现，形成了一条完整的产业链。

对于这类 IP 形象类视频的制作，AI 工具发挥着举足轻重的作用。通过综合运用多款 AI 工具，可以确保 IP 形象类视频内容创作的质量和效率，从创意构思到最终视频输出的各个环节都能得到有力的支持。这使 IP 形象类视频的创作更加高效且贴近市场需求。

综合运用 AI 工具来制作 IP 形象类视频的步骤有 5 个，第一步，用 LibLib 创建 IP 形象；第二步，用智谱清言生成文案；第三步，用 TTSMAKER 为 IP 形象配音；第四步，用 HeyGen 让 IP 形象动起来；第五步，在剪映编辑器中润色视频。

10.6.2　用LibLib创建IP形象

进入 LibLib 主页，点击"在线生图"按钮开始创作，前面已经介绍过如何使用 LibLib 生成图像，这里不再赘述。此处想要创建一个小和尚的 IP 形象，通过 LibLib 来生成 IP 形象。

10.6.3　用智谱清言生成文案

进入智谱清言主页，创建新对话，在文本框内输入文字指令，生成想要的内容。需要注意的是，生成的文案风格一定要和自己创建的 IP 形象风格相契合，"什么形象说什么话"这对于 IP 形象类的短视频来说很重要。此处想要生成关于小和尚讲的关于人生的智慧话语，AI 生成的文案如下所示。

施主，人生之路漫长且充满挑战，如何在这纷扰复杂的世界中保持一颗智慧之心，确实是我们需要探讨的重要话题。

首先，我们要认识到世间万物都有其因果和规律。因此，学会珍惜眼前的人和事是至关重要的。许多纷扰和痛苦都源于贪嗔痴，唯有学会放下，我们才能明心见性，洞悉人生的真谛。

其次，培养感恩之心也是智慧生活的关键。我们应该感激遇到的每一个人、每一件事，包括挫折和失败，因为它们让我们学会坚韧和成长；同时，也要感恩成功和平淡，因为它们带给我们喜悦和珍视。只有心怀感激，我们才能在智慧的道路上不断前行。

再者，修身是我们在人生中的首要任务。一个内心强大的人才能在这个世界上稳稳立足。我们应该注重修养身心，从小事和身边的人做起。保持淡泊明志、宁静致远的心态，这样我们的心灵才能宁静，更好地洞悉世间万象、领悟人生真谛。

最后，我们需要记住人生没有绝对的对错，只有不同的观点。学会尊重、理解和包容他人是非常重要的。海纳百川、有容乃大，一个宽容的心态能让我们在这个世界上更加从容自如地生活。

人生如梦，一切都是过眼云烟。让我们珍惜眼前、拥抱当下，用智慧之心去感受生活的美好、去领悟人生的真谛。愿你的人生之路充满智慧之光。阿弥陀佛。

10.6.4　用TTSMAKER为IP形象配音

进入 TTSMAKER 首页，将智谱清言生成的文案内容粘贴到 TSMaker 的文本框中，根据个人需求选择合适的配音风格，具体操作前面已经讲过这里不再赘述。需要注意的是，配音的风格也一定要契合 IP 的形象风格，比如此处生成的是关于小和尚的 IP 形象，所以要选择"纯粹"风格的配音。

10.6.5　用HeyGen让IP形象动起来

进入 HeyGen 主页，利用 LibLib 生成的 IP 形象图，在 HeyGen 中创建定制数字人，并将 TTSMAKER 生成的配音文件加入数字人中。定制数字人的具体操作方法已经介绍过，这里不再赘述。

10.6.6　在剪映编辑器中润色视频

在剪映中整合优化 IP 形象类的短视频，根据个人需求添加具体的字幕、背景音乐等内容。需要注意的是，背景音乐等设置一定也要契合 IP 的形象，比如此处创建的是一个小和尚讲一些人生哲理的 IP 形象类短视频，所选的背景音乐是舒缓，显示其智慧形象的背景音乐。编辑完视频后导出即可。

10.6.7 IP形象具体应用板块

1. 禅语语录类

前文所介绍的案例，便是通过一张动态的小和尚或老者的形象，再配上富含人生哲理的文字，从而吸引观众。在某些视频账号中，这种内容形式在短短一个月内便能吸引数十万的新粉丝，如图10-48所示。

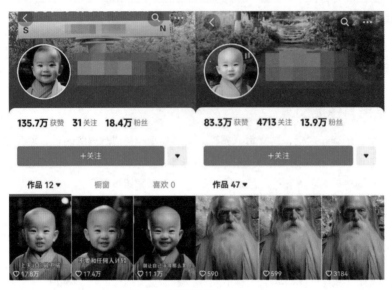

图 10-48

2. 情感励志类

情感励志类 AI 数字人视频是指利用人工智能技术创造的 AI 虚拟人物作为主角，制作出能够传递情感共鸣和激励人心内容的视频作品。在某些媒体平台上，一些账号通过分享这类 AI 数字人的励志内容，在短短两个月内便迅速积累了数十万的粉丝，如图10-49所示。

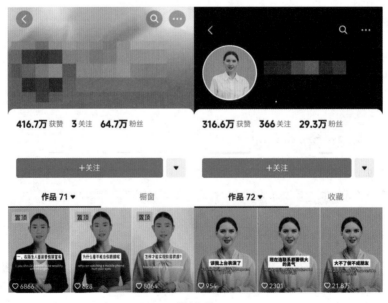

图 10-49

3. 英文格言类

英文格言 AI 数字人视频是指利用 AI 技术创造数字人形象，并通过短视频的形式来分享和诠释经典的英文格言。这类视频不仅能够展示富含哲理与智慧的英文格言，而且通过 AI 数字人生动的演绎，使这些格言更加形象、直观，便于观众理解和记忆，如图 10-50 所示。

图 10-50

4. 育儿教育类

育儿教育类 AI 数字人视频是指利用 AI 技术创作的数字人形象，通过短视频的形式来分享育儿知识、技巧和教育内容。这类视频为家长们提供了一个便捷的学习平台，帮助他们更好地理解和应用育儿知识，如图 10-51 所示。

图 10-51

5. 英语晨读类

英语晨读类 AI 数字人视频是指选取经典英文著作的片段或精华内容，借助 AI 数字人生动的演绎，为观众呈现一种新颖且高效的英语学习方式。这类视频不仅能够帮助观众提升英语听力和口语能力，还能激发他们对英语学习的兴趣，如图 10-52 所示。

图 10-52